Über die Elemente der Analysis – Standard und Nonstandard

Thomas Bedürftig · Peter Baumann ·
Volkhardt Fuhrmann
(Hrsg.)

Über die Elemente der Analysis – Standard und Nonstandard

Mit Beiträgen von Stefan Basiner, Peter Baumann,
Thomas Bedürftig, Volkhardt Fuhrmann, Karl Kuhlemann
und Wilfried Lingenberg

 Springer Spektrum

Hrsg.
Thomas Bedürftig
Institut für Didaktik der Mathematik und
Physik
Universität Hannover
Hannover, Niedersachsen, Deutschland

Peter Baumann
Hermann-Ehlers-Gymnasium
Berlin, Deutschland

Volkhardt Fuhrmann
Eleonoren-Gymnasium
Worms, Rheinland-Pfalz, Deutschland

ISBN 978-3-662-64788-2   ISBN 978-3-662-64789-9   (eBook)
https://doi.org/10.1007/978-3-662-64789-9

Die Deutsche Nationalbibliothek verzeichnet diese Publikation in der Deutschen Nationalbibliografie;
detaillierte bibliografische Daten sind im Internet über http://dnb.d-nb.de abrufbar.

Planung/Lektorat: Andreas Rüdinger
Springer Spektrum ist ein Imprint der eingetragenen Gesellschaft Springer-Verlag GmbH, DE und ist
ein Teil von Springer Nature.
Die Anschrift der Gesellschaft ist: Heidelberger Platz 3, 14197 Berlin, Germany

Wir widmen dieses Lehrbuch unserem Kollegen

Dr. Thomas Kirski,

der im Januar 2021 nach langer Krankheit starb. Wir sind dankbar für die Zeit der Zusammenarbeit in unserem Projekt.

Vorwort

Das Lehrbuch, das wir hier vorlegen, behandelt die ersten Elemente der Analysis. Auf ihnen ruht alles, was folgt, in der Lehre, im Unterricht und in der mathematischen Arbeit.

Dass es dieses Lehrbuch gibt, hat einen Ausgangs- und Bezugspunkt. Es ist der Unterricht, für den wir die Handreichung

▶   *dx, dy – Einstieg in die Analysis mit infinitesimalen Zahlen* (Handreichung 2021)

geschrieben und vor wenigen Monaten herausgegeben haben.[1] Diese geht auf eine Reihe von Fortbildungen und auf praktische Erfahrungen im Unterricht zurück. Seit 2015 arbeiten wir – wir sagen im „dx,dy-Projekt" – mit weiteren Kollegen zusammen, die aktiv an der Erarbeitung der Handreichung und dieses Buches beteiligt waren. Das Projekt wird vom Institut für Lehrerfortbildung (ILF) in Mainz unterstützt.

Das Arbeiten mit infinitesimalen und hyperreellen Zahlen im Einstieg in die Analysis wird für die meisten Leser neu sein. Jede und jeder, die oder der so zu unterrichten plant oder bereits unterrichtet, fragt natürlich nach dem Hintergrund dessen, was er tut und plant. Den Hintergrund, der aus der Nonstandardanalysis kommt, zur Verfügung zu stellen, ist ein Ziel dieses Lehrbuchs.

Nach dem Hintergrund des Standardeinstieges müssen wir nicht fragen, da man ihn studiert und im Standardunterricht verwendet hat. Dennoch ist auch dieser Hintergrund Gegenstand dieses Buches. Denn er ist Routine geworden, die nur selten hinterfragt wird. Es geht darum, auch seine Elemente, speziell dort, wo sich die Elemente von Nonstandard unterscheiden, zu untersuchen und zu prüfen. Das ist das weitere, ebenso relevante Ziel des Buches.

Schließlich sind Gegenüberstellung und Vergleich beider Einstiege das Thema. Beide waren in der Phase von Fortbildungen und im Unterricht präsent, da, während Nonstandard erkundet wurde, Standard uns immer begleitete.

---

[1]Link: http://www.nichtstandard.de/pdf/Handreichung-2021.pdf.

Kurz: Dieses Lehrbuch hat einen konkreten Anfang und ein konkretes Ziel. Es kommt aus der Praxis und ist für sie geschrieben: Für Lehrende, Studierende und alle, die ihre Grundbegriffe prüfen wollen. Nonstandard ist der Anlass, über die Elemente der Analysis neu nachzudenken, – und ist mehr.

Welches sind die Elemente der Analysis, über die wir schreiben? Darüber geben wir in der Einleitung eine erste Auskunft.

Wir danken der naturwissenschaftlichen Redaktion und speziell Herrn Andreas Rüdinger, dass unser Text in die Lehrbuchreihe von Springer Spektrum aufgenommen wurde, und danken besonders Frau Bianca Alton für die umsichtige, geduldige und den Herausgebern entgegenkommende Betreuung bei der Publikation.

Berlin   Peter Baumann
Hannover   Thomas Bedürftig
Worms   Volkhardt Fuhrmann
im Oktober 2021

Inhaltsverzeichnis

1   Einleitung...   1
Thomas Bedürftig, Peter Baumann und Volkhardt Fuhrmann

2   Einführung der Elemente.....................................   5
Thomas Bedürftig
2.1   Folgen, reelle Zahlen und Grenzwerte....................   6
2.1.1   Folgen...   6
2.1.2   Folgen und reelle Zahlen.........................   7
2.1.3   Grenzwerte......................................   8
2.2   Infinitesimale Zahlen und Standardteil.................. 10
2.2.1   Folgen und infinitesimale Zahlen................. 10
2.2.2   Rechnen mit infinitesimalen Zahlen, hyperreelle
Zahlen, Standardteil.......................... 12
2.3   Funktionen, Folgen und Stetigkeit....................... 14
2.3.1   Standard.. 14
2.3.2   Nonstandard..................................... 15
2.4   Ableitung und Differentialquotient – standard
und nonstandard... 16
2.4.1   Nonstandard..................................... 16
2.4.2   Standard.. 18
2.5   Integral.. 20
2.5.1   Standard.. 20
2.5.2   Nonstandard..................................... 22
2.6   Anwendungen – standard und nonstandard................ 24
2.6.1   Produktregel.................................... 24
2.6.2   Kettenregel..................................... 25
2.6.3   Hauptsatz....................................... 26
2.7   Zur Entwicklung der Begriffe............................ 28

3   Axiomatik... 31
Thomas Bedürftig
3.1   Zur Axiomatik der reellen Zahlen........................ 31
3.1.1   Axiome.. 32
3.2   Zur Axiomatik der hyperreellen Zahlen................... 33
3.2.1   Begriffe, Bezeichnungen, Axiome................. 33

4   Zur Konstruktion der reellen und hyperreellen Zahlen   35
Thomas Bedürftig
4.1   Einleitung   35
4.2   Konstruktion der reellen Zahlen   36
        4.2.1   Schritte der Konstruktion   37
4.3   Hyperreelle Zahlen   40
        4.3.1   Hypernatürliche Zahlen   40
        4.3.2   Konstruktion der hyperreellen Zahlen   41
        4.3.3   Zwei Probleme   42
4.4   Problemlösung   43
        4.4.1   Über Mengenfilter zu einem angeordneten Körper   44
        4.4.2   Anordnung und Beispiele   45
        4.4.3   Anhang: Zornsches Lemma und Auswahlaxiom   46

5   Über den Grenzwertbegriff   49
Thomas Bedürftig
5.1   Vorbemerkungen   49
5.2   Reelle Zahlen und Grenzwerte   50
5.3   Spezielle Grenzwerte   52
        5.3.1   Unendliche Dezimalbrüche   52
        5.3.2   Intervallschachtelungen   54
        5.3.3   Folge und Grenzwert   55
        5.3.4   0,999   56
        5.3.5   Unendliche nichtperiodische Dezimalbrüche   57
5.4   Die Situation beim Einstieg in die Analysis   59
        5.4.1   Folgen und Grenzwerte   60
        5.4.2   Funktionen und Grenzwerte   61
5.5   Zusammenfassung   63

6   Unendlichkeitslupe und infinite Vergrößerung   65
Karl Kuhlemann
6.1   Motivation   65
6.2   Vergrößerung als didaktisches Instrument in der Analysis   66
6.3   Mathematischer Hintergrund   69
6.4   Die Grenzen der Vergrößerungstechnik   70
6.5   Ergänzungen zur Integralrechnung   72
6.6   Fazit   76

7   Die Grundproblematik der Stetigkeit   79
Thomas Bedürftig und Stefan Basiner
7.1   Vorstellungen   80
7.2   Propädeutischer Grenzwertbegriff   80
7.3   Infinitesimale Definition   81
7.4   Zur Begriffsbildung der Stetigkeit im Unterricht   82
        7.4.1   Erfahrungsfelder   83
        7.4.2   Zur Didaktik des Grenzwertbegriffs   84
        7.4.3   Schlussbemerkung   85

8 Aus der Geschichte 87
Thomas Bedürftig
8.1 Einleitung... 87
    8.1.1 Grenzwert oder infinitesimaler Abstand?............. 87
8.2 Leibniz' Infinitesimalien 88
    8.2.1 Fiktion? 89
    8.2.2 Anschauung 90
    8.2.3 Anmerkung.................................... 92
8.3 Infinitesimalien oder Grenzwerte?........................ 92
    8.3.1 Cauchy....................................... 93
    8.3.2 Weierstraß 94
    8.3.3 Beobachtungen................................. 95
    8.3.4 Auf dem Weg in die Mengenlehre 96
    8.3.5 Das Ende der Infinitesimalien 96
    8.3.6 Wende im Denken 97
8.4 Die Rückkehr der Infinitesimalien........................ 98
    8.4.1 Infinitesimales in der Schule? 98
    8.4.2 Höhere Mathematik 100
    8.4.3 Woher kommt das Infinitesimale zurück? 101
    8.4.4 Wie kommen die Infinitesimalien zurück?........... 102
8.5 Zur Situation heute.................................... 104
    8.5.1 Infinitesimale Zahlen *und* Grenzwerte.............. 104
    8.5.2 Widerstände 105
8.6 Schluss... 106

9 Grenzwert von Folgen und Standardteil. 109
Thomas Bedürftig
9.1 Zusammenhang 109
9.2 Kommentar... 111
9.3 Folgen mit infiniten Folgengliedern...................... 112
9.4 Anwendung 113

10 Limes im Hyperreellen 115
Stefan Basiner und Thomas Bedürftig
10.1 Folgengrenzwert....................................... 115
10.2 ε-δ-Grenzwert 116
10.3 Limesschreibweisen hyperreell geschrieben 118
10.4 Anwendung 119

11 Weitere Beispiele im Vergleich. 121
Stefan Basiner, Wilfried Lingenberg und Peter Baumann
11.1 Elementare Sätze 121
    11.1.1 Nullstellensatz 121
    11.1.2 Satz von Bolzano-Weierstraß..................... 123
    11.1.3 Extremwerte.................................. 125

11.2   Substitution 125
       11.2.1 Hyperreelle Begründung 127
       11.2.2 Beispiele.................................... 128
11.3   Exponentialfunktionen und Eulersche Zahl.............. 131
       11.3.1 Die Vorkenntnisse........................... 131
       11.3.2 Ansatz der Reihenentwicklung 132
       11.3.3 Fragen...................................... 132
       11.3.4 Antworten................................... 133
11.4   Konvergenzkriterien anhand besonderer Folgen und Reihen ... 135
       11.4.1 Vorbereitungen.............................. 135
       11.4.2 Sätze und Beweise nonstandard............... 137
       11.4.3 Einige Standard-Beweise..................... 140

12 **Rückblick, Vergleich, Schluss** 143
    Thomas Bedürftig
    12.1   Rückblick...................................... 143
    12.2   Vergleich 145
    12.3   Schluss.. 149

Literatur.. 153

Stichwortverzeichnis...................................... 157

Einleitung

Thomas Bedürftig, Peter Baumann und Volkhardt Fuhrmann

Was sind die Elemente der Analysis?

Um eine Antwort zu finden, ist es gut, in die Geschichte der Mathematik zu schauen. In einer Einleitung aber können wir das nicht angemessen tun. Wir verweisen auf die umfangreiche, vorzügliche Literatur zur Geschichte der Analysis (s. u. a. (Jahnke 1999), (Körle 2012), (Sonar 2016), (Spalt 2015, 2019) und die dortigen umfangreichen Literaturverzeichnisse) und in diesem Buch auf das Kap. 8 zur Geschichte seit Leibniz.

Wir geben hier nur eine sehr knappe Antwort: Alles beginnt mit einfachen, konkreten oder geometrischen, Näherungen in wenigen Schritten. Näherungen wurden zu Näherungsverfahren, die endliche Folgen von Zahlen erzeugten. Sie sind heute zu unendlichen Folgen und Näherungsprozessen geworden, die reelle Grenzwerte haben. Gegenstand der Näherungen waren lineare Größen, Flächeninhalte, Volumina und Tangenten. Sie sind die Ursprünge der Grenzwerte, Integrale und Ableitungen. Da die Mathematik im 19. Jahrhundert eine Wende von der alten anschaulich-stetigen Mathematik zur mengentheoretisch-logischen Mathematik der Mengen und Punktmengen vollzogen hat, tritt die Grundfrage der Stetigkeit hinzu. Der Nonstandardan-

T. Bedürftig (✉)
Institut für Didaktik der Mathematik und Physik, Universität Hannover, Hannover, Niedersachsen, Deutschland
E-mail: beduerftig@idmp.uni-hannover.de

P. Baumann
Hermann-Ehlers-Gymnasium, Berlin, Berlin, Deutschland
E-mail: baumann-berlin@t-online.de

V. Fuhrmann
Eleonoren-Gymnasium, Worms, Rheinland-Pfalz, Deutschland
E-mail: rv.fuhrmann@web.de

T. Bedürftig et al. (Hrsg.), *Über die Elemente der Analysis – Standard und Nonstandard*, https://doi.org/10.1007/978-3-662-64789-9_1

satz dieses Lehrbuchs erweitert den Standardansatz durch die Bildung neuer, infinitesimaler und hyperreeller, Zahlen über dem Bereich der reellen Zahlen, die aus
reellen Folgen entstehen.

Das sind die Elemente:

► Folgen, reelle Zahlen, Grenzwertbegriff, infinitesimale und hyperreelle Zahlen, Stetigkeitsbegriff, Ableitung und Integral.

Im Kap. 2 werden wir sie, standard und nonstandard, entwickeln und einführen. Uns
interessieren zuerst die Begriffsbildungen, die wir mit elementaren Mitteln beschreiben. Es geht um die Ideen, die hinter den Elementen stehen, und um die Besonderheiten der Elemente. Es geht im Kap. 2 quasi um die Elemente der Elemente.

Wir werden es ausschließlich mit der reellen Analysis zu tun haben. Mit ihr beginnt
die Analysis und hier finden wir die Elemente vor. Wir haben kein Lehrbuch der elementaren Analysis geschrieben, sondern ein Lehrbuch *über sie*, über ihre Elemente,
standard und nonstandard, aus denen alle Analysis hervorgeht. Die Einführung in
die Elemente der Nonstandardanalysis, der Vergleich und die Gegenüberstellung von
Standard und Nonstandard bieten die Gelegenheit, über die Elemente, gerade auch
der Elemente im Standardansatz, neu und tiefer nachzudenken und hinter Routinen
zu schauen.

Das Lehrbuch will eine Handreichung sein für alle, die nonstandard oder standard
– oder standard *und* nonstandard – in die Analysis einsteigen. Das Lehrbuch handelt
vom Hintergrund der praktischen Arbeit und klärt, gegliedert in Kapitel, grundsätzliche Fragen, die notwendig beim Lehren und Lernen entstehen. Speziell ist dieses
Lehrbuch eine Handreichung für die (Handreichung 2021).

Wir geben eine *Übersicht über die einzelnen Kapitel.*

Über das *Kap.* 2, die Einführung der Elemente, haben wir gesprochen. Das Prinzip, dem wir dort von Anfang an in der Entwicklung der Begriffe folgen und das
naturgemäß das ganze Lehrbuch begleitet, ist die historische Grundidee der Näherung. Wir zeigen an einigen elementaren Anwendungen der Begriffe den Unterschied
und den Zusammenhang von Standard und Nonstandard.

Im *Kap.* 3 geben wir eine *Axiomatik der reellen Zahlen* an, verzichten aber wie
üblich darauf, die Axiome der Mengenlehre komplett zu formulieren, die im Hintergrund der Analysis stehen und mit denen man implizit und wie selbstverständlich
arbeitet (s. Bedürftig und Murawski 2019, S. 354 ff.). Im Zentrum der Axiomatik der
reellen Zahlen steht das Vollständigkeitsaxiom, das mengentheoretisch die geometrische Stetigkeit nachzeichnet. Wir wählen eine Formulierung, die die Grundidee
„Näherung" aufnimmt. Die *Axiomatik der hyperreellen Zahlen* entsteht über und aus
der reellen Axiomatik. Kern ist eine Art Adjunktion einer infinitesimalen Zahl, die
größer als Null ist und kleiner als alle positiven reelle Zahlen. Zentral sind der Begriff
des Standardteils und der Transfer, der reelle Relationen zu hyperreellen fortsetzt.
Der Standardteil ist die eindeutig bestimmte reelle Zahl, die zu einer finiten hyperreellen Zahl gehört. Wir sprechen in diesem Buch durchgehend vom „Standardteil"

hyperreeller Zahlen statt schülernah vom „reellen Teil" wie in der Handreichung (2021) und schreiben *st* statt *rt*, so, wie es in der Literatur üblich ist.

Man will wissen, wenn man mit ihnen arbeitet, was reelle und hyperreelle Zahlen sind. Das sagen die *Konstruktionen* im *Kap. 4*. Daher gehören sie als Hintergrund in dieses Lehrbuch, auch wenn sie dann im Vordergrund nicht gebraucht werden. Die Konstruktionen sind mathematisch anspruchsvoller. Schon die Konstruktion der reellen Zahlen $\mathbb{R}$, wir wählen die mathematisch weitreichende über rationale Cauchy-folgen, ist so formal und komplex, dass sie selten gelehrt wird. Das Gleiche gilt für die Konstruktion der hyperreellen Zahlen $^*\mathbb{R}$. Die Konstruktion, die hier vorgestellt wird, folgt dem Prinzip der Konstruktion der reellen Zahlen und geht dabei von allen reellen Folgen aus. $^*\mathbb{R}$ zu einem angeordneten Körper zu machen, macht dann etwas mengentheoretische Mühe, die bisweilen beklagt, ja verunglimpft wird – *zu Unrecht*. Stichwort: „Ultrafilter".

Der Standardteil im Nonstandardansatz und der Grenzwert im Standardansatz stehen einander gegenüber. Eine hyperreelle Zahl ist, das ist die Idee der Konstruktion im Kap. 4, eine Klasse reeller Folgen. Die Bildung des Standardteils einer hyperreellen Zahl entspricht der Bildung der Grenzwerte dieser Folgen. Die Bildung des Standardteils ist arithmetisch und elementar. Das gilt nicht für die Bildung von Grenzwerten, die methodisch mit der Unendlichkeit der Folgen und der Unerreichbarkeit der Grenzwerte zu tun hat. Daher ist dem *Grenzwert* ein methodisch orientiertes *Kap. 5* gewidmet, das seine Notwendigkeit auch dadurch erhält, dass die *Einführung der reellen Zahlen* im Unterricht implizit Grenzwerte voraussetzt, die nicht konstruiert sind. Das Grundproblem ist die *Zahlengerade*. Hier herrschen Unklarheiten, die das Kap. 5 versucht aufzuklären.

Kap. 6 ist für den Nonstandardansatz der Analysis im Unterricht fundamental. Es legitimiert mathematisch die geometrischen Veranschaulichungen infinitesimaler und infiniter Verhältnisse. Das alte charakteristische Dreieck, das auf Pascal und Leibniz zurückgeht und jetzt nach Jahrzehnten des Verbots wieder da ist, ist ein Beispiel. Veranschaulichungen infinitesimaler Verhältnisse sind so aussagekräftig wie gewöhnliche finite Veranschaulichungen. Instrument ist die *infinite Vergrößerung*, die standard nicht denkbar ist, da es infinite Streckfaktoren nicht gibt. Mit dieser Technik werden Kurven zu Zusammensetzungen infinitesimaler Strecken, so, wie sie Leibniz gesehen hat. Für die Klasse stetig differenzierbarer reeller Kurven sind *geometrische Beweisführungen* möglich. Im Abschn. 2.6 etwa ist der Hauptsatz quasi zu „sehen". Es werden weitere Beispiele gegeben und die Grenzen der infiniten Vergrößerung bestimmt.

Der *Begriff der Stetigkeit,* Grundvoraussetzung jeder Analysis, markiert die Wende von der alten zur neuen Mathematik. Stetigkeit war intuitiver Teil der alten anschaulich-geometrischen Mathematik bis in die zweite Hälfte des 19. Jahrhunderts hinein. Die neue logisch-mengentheoretische Mathematik, die die alten Kontinua in Punktmengen auflöste, musste die Stetigkeit mengentheoretisch rekonstruieren. Die abstrakte, statische Grenzwertdefinition hat verbreitet dazu geführt, Stetigkeit im Unterricht nicht zu thematisieren. Das *Kap. 7* klärt die Gründe, weshalb dies nahe liegt und fast notwendig ist. Ohne Stetigkeit, das wird schon im Kapitel über Grenzwerte angemerkt, fehlt der Analysis im Unterricht eigentlich das Fundament.

Die elementare Nonstandardfassung der Stetigkeit, die Aspekte der alten Intuitionen aufnimmt, macht die Bestimmung dieses grundlegenden Begriffs für den Unterricht möglich und interessant.

Kap. 8 handelt von der *jüngeren Geschichte* der Analysis. Es beginnt mit Leibniz und berichtet über die Wende der Mathematik im 19. Jahrhundert. Die Grenzwerte verdrängten die infinitesimalen Größen und führten in eine neue Mathematik. Vor 60 Jahren kehrten die infinitesimalen Größen als infinitesimale Zahlen zurück. Der Abschn. 8.5 berichtet über die Situation heute, diskutiert Fragen zwischen Standard und Nonstandard und widerlegt Widerstände, Nonstandard in die elementare Analysis zu integrieren.

Die *Kap.* 9 *und* 10 studieren den für die Praxis wohl zentralen Punkt in dem Verhältnis von Standard und Nonstandard im Einstieg in die Analysis: das *Verhältnis von Grenzwert und Standardteil.* Der Grenzwert von Folgen ist knapp gesagt nonstandard zum Standardteil geworden. *Kap.* 9 studiert und formuliert hyperreell, unter welchen Bedingungen Folgen einen Grenzwert besitzen, gibt eine hyperreelle Definition des Grenzwertes und wendet sie in Beispielen an. Wie aber, das ist die Frage im *Kap.* 10, übersetzt man ε-δ-Grenzwerte bei Funktionen nach Nonstandard? Dazu werden für Aspekte der Konvergenz und Divergenz Vorschläge zur Formulierung gemacht, die an Beispielen angewandt werden.

Kap. 11 schließlich gibt *weitere Beispiele,* die nebeneinander zeigen, wie man standard und nonstandard mathematisch arbeitet. Wir stellen zuerst eine Reihe von Beweisen *elementarer Sätze* einander gegenüber, einmal standard, dann nonstandard geführt. Die symbolische *Substitution* bei der Standardberechnung von Integralen erhält im nächsten Abschnitt eine hyperreell-arithmetische Begründung. Die Untersuchung von *Exponentialfunktionen* dann und die Bestimmung der *Eulerschen Zahl* e zeigt, wie Standard und Nonstandard partiell zusammenwirken. Zum Abschluss werden Kriterien der *Konvergenz von Reihen* formuliert und bewiesen.

Im Rückblick im *Kap.* 12 schauen wir naturgemäß zurück und versuchen einen *Vergleich von Standard und Nonstandard* im Einstieg in die Analysis, der hervorhebt, dass Nonstandard Standard nicht entgegensteht oder ersetzt, sondern ergänzt und methodische Probleme löst. Nonstandard ist eine Erweiterung von Standard, stellt neue mathematische Instrumente zur Verfügung und erweitert das mathematische Denken. In einem Schlusswort plädieren wir für eine offene Wahrnehmung von Nonstandard und eine natürliche Präsenz neben Standard in der Lehre und im Unterricht.

Einführung der Elemente

2

Thomas Bedürftig

Wir haben in der Einleitung nach einem kurzen Verweis in die Geschichte gesagt, welches die frühen Elemente der Analysis waren und von der Idee her heute sind. In diesem Kapitel versuchen wir, aus den *Ideen* heraus die zugehörigen Begriffe zu bilden. Wir lassen uns von grundlegenden Vorstellungen und Anschauungen leiten und führen die Elemente in elementarer Weise ein.

Den Elementen der Analysis gehen andere Elemente voraus, die wir in der Regel voraussetzen. Dazu gehören wesentlich die natürlichen Zahlen $\mathbb{N}$ und die rationalen Zahlen $\mathbb{Q}$. Auch die reellen Zahlen $\mathbb{R}$, deren Begriffsentwicklung wir in diesem Kapitel andeuten, setzen wir voraus, um die folgenden Elemente der Analysis zu bestimmen. Die reellen Zahlen sind Gegenstand in den Kap. 3, 4 und 5. Wir verwenden, wie es in der Analysis üblich ist, in naiver Weise mengentheoretische Sprechweisen und logische Symbole. Wir gehen vom modernen mengentheoretischen Begriff der Funktion aus.

► Funktionen sind immer reelle Funktionen mit einem gedachten „normalen" Definitionsbereich, z. B. einem reellen Intervall.

Wir legen dies hier fest, um in den folgenden Abschnitten so sparsam wie möglich zu formulieren.

T. Bedürftig (✉)
Institut für Didaktik der Mathematik und Physik, Universität Hannover, Hannover, Niedersachsen, Deutschland
E-mail: beduerftig@idmp.uni-hannover.de

T. Bedürftig et al. (Hrsg.), *Über die Elemente der Analysis – Standard und Nonstandard*, https://doi.org/10.1007/978-3-662-64789-9_2

Sehr früh, so berichtet Sonar in (2016), ging es um Näherungen, zuerst sehr anfänglich und endlich. Dennoch liegt in diesen ersten Anfängen der Keim heutiger Näherungsverfahren und schließlich des Denkens in unendlichen Prozessen. Unendliche Folgen sind die Repräsentanten solcher Prozesse. Sie sind der *Weg*, dem wir in diesem Kapitel folgen. Sie führen zu den reellen Zahlen, zu den Grenzwerten und zu den unendlich kleinen, den infinitesimalen Zahlen, mit denen wir ausdrücken, was Stetigkeit, Ableitungen und Integrale sind.

In den Elementen beginnt die Unterscheidung von Standard und Nonstandard, und über sie sind Standard und Nonstandard verbunden. Uns interessiert in diesem Kapitel das Elementare, die elementaren Vorstellungen und Gedanken hinter den Begriffen, die wir einführen. Im Abschn. 2.6 am Ende dieses Kapitels zeigen wir an einfachen Beispielen, wie man mit den Elementen beginnt zu arbeiten – standard und nonstandard.

2.1 Folgen, reelle Zahlen und Grenzwerte

2.1.1 Folgen

Der Weg in die Analysis beginnt mit Folgen rationaler Zahlen. Wie, das deuten wir im nächsten Punkt an. Wir nehmen hier den Standpunkt der reellen Zahlen ein, um den Begriff der Folge zu formulieren.

Folgen werden mit (a_n) bezeichnet. Die a_n sind in der reellen Analysis reelle Zahlen, die in einer Folge $a_1, a_2, a_3, \ldots$ aufgereiht sind, der „Urfolge" der natürlichen Zahlen $1, 2, 3, \ldots$ folgend. Dabei wird jeder natürlichen Zahl $n \in \mathbb{N}$ eine reelle Zahl a_n zugeordnet:

Definition 2.1 Eine unendliche Folge ist eine Abbildung a von $\mathbb{N}$ in $\mathbb{R}$. Statt $a(n)$ schreibt man a_n und (a_n) statt $a(\mathbb{N})$.

Die Schreibweise (a_n) hebt den Prozesscharakter, den zählenden Lauf der Folge hervor. Da $\mathbb{N}$ eine *Menge* ist – eine *unendliche* Menge –, ist (a_n) eine Menge.

Im Begriff der unendlichen Folge treffen die Vorstellungen von „unendlichem Prozess" und „Menge" aufeinander. Ein unendlicher Prozess ist in der Vorstellung offen und ohne Ende. Eine Menge ist ein in sich geschlossenes Ganzes, etwas Fertiges. Überträgt man den Mengencharakter auf die Folgen, so muss man die offenen unendlichen, die nicht endenden Prozesse für abgeschlossen, für irgendwie beendet betrachten. $\mathbb{N}$ selbst repräsentiert diese „Paradoxie".

Wenn man viel mit Folgen gearbeitet hat, sieht man das Paradoxe kaum mehr. Nehmen wir die beiden wohl einfachsten Folgen (n) und $(\frac{1}{n})$.

(n) „läuft davon" : $(1; 2; 3; 4; \ldots)$ – ins Unendliche. Das sagen die Pünktchen „$\ldots$".

∞ schreibt man für „Unendlich" und $n \to \infty$ für das ins Unendliche laufende n.

Was ∞ ist, wird in der Regel nicht gesagt. $n \to \infty$ ist eben $(1; 2; 3; 4; \ldots)$, ein un-endlicher Prozess ohne Ende. *Zugleich* denkt man

$$(1; 2; 3; 4; \ldots) = \mathbb{N} \text{ als Menge,}$$

komplett und fertig vorliegend.

$(\frac{1}{n})$ läuft nicht davon, sondern auf 0 zu und heißt daher „Nullfolge". Sie kommt bei 0 nicht an. $(\frac{1}{n})$ ist genauso ein nicht endender Prozess. Hier liegt der Gedanke der Menge $\{\frac{1}{n} \mid n \in \mathbb{N}\}$ nicht so nah. Das ist bei Folgen (a_n) generell der Fall, wenn ein kompliziertes Bildungsgesetz Folgenglied auf Folgenglied produziert. Dann steht das Bildungsgesetz im Vordergrund und damit der offene Prozess.

Wir merken an, dass man dennoch auch dann wie selbstverständlich mit der *Menge* aller Folgenglieder umgeht. Eine Folge (a_n) ist spätestens dann die Menge $\{a_n \mid n \in \mathbb{N}\}$, wenn sie Element einer Menge von Folgen ist. Sie muss als Ganzes, als Menge gegeben sein, um ein mathematischer Gegenstand sein zu können. Einen offenen Prozess, der davonläuft, kann man nicht fassen. Die Konstruktion der reellen Zahlen (s. Kap. 4) greift auf Folgen als Mengen zurück. Im gleich folgenden Punkt beschreiben wir den Grundgedanken der Konstruktion.

Wir sehen, wie hier im ersten Element der Analysis, im Begriff der unendlichen Folge, ein Konflikt in den Vorstellungen auftritt,

eine Spannung zwischen

▶ offener, „potentieller" Unendlichkeit und

▶ abgeschlossener, „aktualer" Unendlichkeit.

Diese Spannung begleitet die Analysis von Beginn an. In der Analysis arbeitet man damit ohne Probleme und effektiv. Auch wir werden – standard wie nonstandard – so arbeiten. Denkt man an Lernende und Studienanfänger, sollte man sich der Herausforderung bewusst sein, die in dieser Spannung gleich zu Anfang liegt. Sie liegt im Fundament aller modernen Analysis – im Begriff der reellen Zahl.

2.1.2 Folgen und reelle Zahlen

Unendliche Folgen haben historisch als endliche Näherungen angefangen, die in ihren Schritten von Beginn an das potentiell Unendliche in sich trugen. Man denke z. B. an die historischen Näherungen von π und $\sqrt{2}$. Die endlichen und die potentiell unendlichen Näherungsprozesse konnten das Angenäherte nicht erfassen. Im 19. Jahrhundert kam der *revolutionäre Gedanke*, den Georg Cantor (1845–1918) mathematisch durchsetzte.

Was sind reelle Zahlen? Beispiel:

Sei (a_n) eine rationale Folge, die die Länge der Diagonale d im Einheitsquadrat annähert. Eine Zahl als Maßzahl für d gab es vor den reellen Zahlen, die 1872 konstruiert wurden, *nicht*. Die Zahl, die man bestimmen wollte, die die Länge von d messen und die „$\sqrt{2}$" heißen sollte, musste irrational, d. h. nicht rational, sein. Wie aber sollte man sie finden? Es lag nichts vor als die Folge (a_n) selbst. Sie war der Schlüssel zur gesuchten Zahl. Die Entscheidung fiel:

(a_n) *ist* die irrationale Zahl $\sqrt{2}$.

Vorsichtiger, vorläufig und speziell:

Prinzip Ist (a_n) eine Folge rationaler Zahlen, die die Diagonale d im Einheitsquadrat annähert, dann repräsentiert (a_n) die irrationale Zahl $\sqrt{2}$.

Beispiel: $(1; 1,4; 1,41; 1,414; 1,4142; \ldots)$. Diese Folge, die man als Dezimalbruch, als „unendlichen nichtperiodischen" Dezimalbruch $1,4142\ldots$ einführt, ist $\sqrt{2}$.

Das ist das allgemeine Prinzip der Bildung reeller Zahlen. Reelle Zahlen sind Folgen, besser Mengen von Folgen. Welche Folgen kommen in Frage? Was heißt „repräsentieren"? Das sind die entscheidenden Fragen. Was „annähern" heißt, sagen wir gleich.

Das *Revolutionäre* war:

▶   Unendliche offene Folgen wurden damals, 1872, Mengen.

Im Kap. 4 stellen wir die Konstruktion der reellen Zahlen vor. Bis dahin setzen wir die reellen Zahlen $\mathbb{R}$ und ihre Arithmetik als gegeben voraus.

2.1.3 Grenzwerte

Folgen können „Grenzwerte" haben. Man sagt, sie *konvergieren*. Sie *divergieren*, wenn sie keinen Grenzwert haben. Wir betrachten „gewöhnliche" Folgen, reell und konvergent. Was ist der Grenzwert einer Folge?

Der Grenzwert ist eine reelle Zahl, auf die die Folgenglieder „zulaufen", gegen die sie „streben" oder der sie sich „nähern". Klar ist, und wir merken es dennoch an: Der Grenzwert gehört *nicht* zur Folge. Die aktual unendliche Menge der Folgenglieder enthält *nicht* den Grenzwert, so wenig, wie die potentiell unendliche, offene Folge ihn erreicht.

Beispiele:

$(b_n) = (\frac{1}{2^n})$.

$(c_n) = (1; 1,4; 1,41; 1,414; 1,4142; \ldots)$.

$(d_n) = (2; 1; \frac{3}{2}; \frac{4}{3}; \frac{17}{12}; \frac{24}{17}; \ldots)$.

(b_n) strebt gegen 0. Auf welchen Grenzwert läuft (d_n) zu? Hat (d_n) überhaupt einen Grenzwert? Wir sehen die Gesetzmäßigkeit der Bildung der Folgenglieder nicht ohne Weiteres. Wissen wir sie, können wir mit den anschaulichen Vorstellungen des Strebens und Näherns Vermutungen anstellen. Für (c_n) sieht es problematischer aus. Wir kennen die Folgenglieder vom Anfang der unendlichen, nichtperiodischen Dezimaldarstellung von $\sqrt{2}$ und wissen, es gibt keine Gesetzmäßigkeit.

Historisch (Zenon, ca. 450 v.Chr.) und exemplarisch für einfache konvergente Folgen ist die Nullfolge (b_n) $= (\frac{1}{2^n})$. Im Bild sehen wir das Streben überdeutlich:

„Nähern", „streben" und Verben mit ähnlicher Bedeutung drücken die anschaulichen Vorstellungen aus, die man mit dem Grenzwert, lateinisch „Limes", einer Folge verbindet. Es sind diese Vorstellungen, die den sogenannten „propädeutischen Grenzwertbegriff" im Unterricht stützen. Sie sind dort die Basis für die Schreibweise:

> Ist (r_n) eine reelle Folge, r ihr Grenzwert – im anschaulichen Sinn –, so schreibt man $\lim\limits_{n \to \infty} r_n = r$.

Wir merken an: Ungefähre Formulierungen und Vorstellungen sind mathematisch keine Basis für einen Begriff. Die mathematische Präzisierung des Grenzwertbegriffs ist:

Definition 2.2 Sei (r_n) ein reelle Folge. (r_n) konvergiert gegen r und r heißt ihr Grenzwert, wenn gilt:

$$\forall \varepsilon > 0 \, \exists N \in \mathbb{N} \, \forall n \in \mathbb{N} \, (n > N \to |r_n - r| < \varepsilon).$$

Man schreibt $\lim\limits_{n \to \infty} r_n = r$.

Warum lehrt und lernt man in der Schule nicht oder selten die präzise Fassung des Grenzwertbegriffs? Sie ist weit entfernt von den Prozess-Vorstellungen der Lernenden und von ihren Fähigkeiten der Abstraktion. Auf die Problematik der Grenzwerte gehen wir in Kap. 5 ein.

2.2   Infinitesimale Zahlen und Standardteil

Wir betreten jetzt das Gebiet von Nonstandard. Die mathematischen Grundlagen von Nonstandard und Standard unterscheiden sich nicht[1]. Wir haben es hier wie dort mit unendlichen Mengen und Folgen – und ihren Besonderheiten – zu tun.

2.2.1   Folgen und infinitesimale Zahlen

An den Anfang, quasi als Motto, stellen wir ein Zitat. A. Cauchy war einer der Gründerväter der heutigen Analysis. Auf ihn gehen frühe Grenzwertformulierungen zurück, die in dem Lehrbuch (Cauchy 1821) zu finden sind. Im gleichen Lehrbuch formulierte Cauchy auch dieses (nach Jahnke 1999, S. 196)[2]:

> „Wenn die ein und derselben Veränderlichen nach und nach beigelegten numerischen Werte beliebig so abnehmen, dass sie kleiner als jede gegebene Zahl werden, so sagt man,
>
> diese Veränderliche wird unendlich klein oder: sie wird eine *unendlich kleine Zahlgröße*.
>
> Eine derartige Veränderliche hat die *Grenze* 0.“

Hier ist beides da, die „unendlich kleine Zahlgröße“ und der Grenzwert, „die Grenze“ 0. Cauchy schien beides zusammen denken zu können. Wie können wir uns das vorstellen?

Cauchy denkt an eine Veränderliche, deren Werte „nach und nach“ kleiner werden. Wir denken uns eine Nullfolge (r_n) und ihre Folgenglieder, deren „numerischen Werte beliebig abnehmen“.

Wir machen ein *Gedankenexperiment* und denken uns die Folge als Ganzes. Was passiert da „am Ende“? Besser: Was kann da „am Ende“ anderes passieren, als dass da der Grenzwert 0 steht?

Dass die Frage sinnvoll ist, wird sichtbar, wenn wir die Folge (r_n) mit der Folge (s_n) mit $s_n = -r_n$ kombinieren und die Intervallschachtelung $([s_n, r_n])$ betrachten. Die experimentelle Frage ist: Wie sieht es „am Ende“, also „nach allen n“, aus?

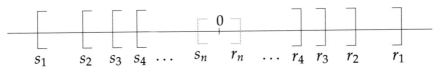

Standard denkt man an die 0, an genau einen Punkt, der im Innern aller Intervalle liegt.

---

[1]Es sei denn, man wählt einen Ansatz wie in (Kuhlemann 2018b), der von einer konservativen Erweiterung der Mengenlehre ausgeht.
[2]Hervorhebung und Strukturierung durch den Autor.

Nonstandard denkt man anders:

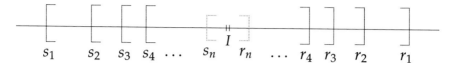

Ein Intervall, ein unendlich kleines Intervall I, liegt in allen Intervallen der Intervallschachtelung. Das ist plausibel. Denn man erwartet, dass der Durchschnitt von Intervallen ein Intervall ist. Seine Länge muss unendlich klein sein, kleiner als jede reelle Zahl. 0 liegt in I.

▶   Das ist der grundlegende Unterschied in den Vorstellungen von Standard und Nonstandard.

Zurück zur Nullfolge (r_n). Nonstandard „stoppt" (r_n) quasi vor der 0 – in unendlich kleinem Abstand β. Das ist Cauchys „unendlich kleine Zahlgröße". Heute haben wir die mathematischen Grundlagen dafür, diese Vorstellungen präzise auszudrücken. Wir deuten das an:
    Wie kann man die unendlich kleine Zahl β denn identifizieren? Es ist wie bei der Erfindung der irrationalen Zahl $\sqrt{2}$. Es liegt nichts vor als die Folge (r_n) selbst. Und so geht man wieder vor:

(r_n) *ist* die infinitesimale Zahl.

Vorsichtiger:

Prinzip   Ist (r_n) ein Nullfolge, dann repräsentiert (r_n) eine infinitesimale Zahl β.

Dieses Prinzip drückt den Grundgedanken der Konstruktion der *hyperreellen Zahlen* $^*\mathbb{R}$ aus. Wichtig sind die finiten Zahlen, die entstehen. Konvergiert eine Folge (x_n) gegen x, dann ist $(x_n - x)$ eine Nullfolge, die eine infinitesimale Zahl dx repräsentiert. (x_n) repräsentiert dann $x + dx$.

Prinzip   Sei (x_n) eine konvergente Folge mit dem Grenzwert x. Dann repräsentiert $(x - x_n)$ eine infinitesimale Zahl dx und (x_n) die finite hyperreelle Zahl $\xi = x + dx$.

Der Unterricht im Abschn. 3.1 in der Handreichung (2021) greift diesen Gedanken auf. Im Kap. 4 in diesem Buch geht es um die Konstruktion von $^*\mathbb{R}$. Die Schlüsselfrage ist wieder – wie bei den reellen Zahlen: Was heißt „repräsentieren"? Die Antwort wird eine andere sein müssen als bei $\mathbb{R}$.

2.2.2 Rechnen mit infinitesimalen Zahlen, hyperreelle Zahlen, Standardteil

Wir haben gesehen, was „unendlich klein" oder „infinitesimal" heißt:

Definition 2.3 Ein Zahl $\alpha > 0$ heißt unendlich klein, wenn sie kleiner ist als alle positiven reellen Zahlen:

$$\forall r \in \mathbb{R} \, (r > 0 \rightarrow \alpha < r).$$

Man schreibt: $\alpha \simeq 0$.

Klar ist: α ist keine reelle Zahl. Sie ist „hyperreell". Als weitere Bezeichnungen für infinitesimale Zahlen sind β, dx, dy und ω üblich. ω denkt man sich durch $(\frac{1}{n})$ repräsentiert, dx, dy werden als „Differentiale" in Verbindung mit den Variablen x und y gedacht. Das sind unendlich kleine Differenzen zwischen x- und y-Werten.

Die Axiome der hyperreellen Arithmetik stellen wir im Kap. 3 auf. Einige Rechenregeln, Bezeichnungen und Begriffe aber müssen wir schon hier für die beiden folgenden einführenden Punkte angeben. Wie elementar das Rechnen ist, ist im Unterrichtsabschnitt 2.3 in der Handreichung (2021) zu sehen.

Das *Prinzip* ist: Wir setzen das Rechnen mit reellen Zahlen naiv auf die neuen infinitesimalen Zahlen fort. So geht man auch im arithmetischen Übergang von den rationalen zu den reellen Zahlen vor. Beim Rechnen mit reellen und infinitesimalen Zahlen entstehen neue hyperreelle Zahlen. Wichtig sind die „finiten Zahlen":

Definition 2.4 *Finite Zahlen* sind hyperreelle Zahlen γ mit $|\gamma| < n$ für ein $n \in \mathbb{N}$.

Der Schlüssel für den Übergang vom Hyperreellen zum Reellen ist der *Standardteil:*

Definition 2.5 Hyperreelle Zahlen η, γ liegen *unendlich nah* zueinander, wenn $\eta - \gamma$ infinitesimal ist: $\eta - \gamma \simeq 0$. Wir schreiben: $\eta \simeq \gamma$.

Satz 2.1 Jede finite hyperreelle Zahl γ liegt unendlich nah zu genau einer reellen Zahl r: $\gamma \simeq r$.

Der einfache Beweis stützt sich auf die Vollständigkeit von $\mathbb{R}$ (s. Abschn. 3.1).

Definition 2.6 Ist γ eine finite hyperreelle Zahl und ist $\gamma \simeq r$ für ein $r \in \mathbb{R}$, dann heißt r der *Standardteil* von γ.

Beispiel: x und $x + dx$ (für das infinitesimale dx) liegen *unendlich nah* beieinander: $x + dx \simeq x$.

Wir erinnern an die „Grenze" im obigen Cauchy-Zitat. Ist ω die infinitesimale Zahl, die durch $(\frac{1}{n})$ repräsentiert wird, dann ist der Standardteil 0 die Grenze „der

Veränderlichen" . Man rechnete damals mit infinitesimalen Zahlen und ging dann zur „Grenze 0" über.

Wichtige Rechenregeln sind:

Satz 2.2 Ist r eine reelle Zahl und α infinitesimal, dann gilt: $r \cdot \alpha \simeq 0$. Ist η eine finite Zahl und α infinitesimal, dann gilt : $\eta \cdot \alpha \simeq 0$.

Der Beweis ist elementar (s. Handreichung 2021, Unterrichtsabschnitt 2.3).

Ist $\alpha > 0$ unendlich klein, dann ist $\frac{1}{\alpha}$ unendlich groß, d. h. größer als jede reelle Zahl:

Definition 2.7 Eine Zahl μ heißt (positiv) *infinit,* wenn gilt: $\forall r \in \mathbb{R}\,(\mu > r)$. Wir schreiben $\mu \gg 1$.

Wenn $(\frac{1}{n})$ die unendlich kleine Zahl ω repräsentiert, dann ist $\frac{1}{\omega}$ infinit und wird durch $(n) = (\frac{1}{\frac{1}{n}})$ repräsentiert. Sie wird oft mit Ω bezeichnet. Ω ist eine „hypernatürliche" Zahl – wie die Zahl 2Ω, die durch $(2n)$ repräsentiert wird. Jede Teilfolge von (n) repräsentiert eine hypernatürliche Zahl.

In allen möglichen arithmetischen Kombinationen mit reellen Zahlen gehören die neuen, infinitesimalen, finiten und infiniten Zahlen zum erweiterten Bereich $^*\mathbb{R}$ der *hyperreellen Zahlen.*

Damit sind die arithmetischen Grundlagen gelegt. Das Rechnen mit den Schülerinnen und Schülern gemeinsam zu entwickeln, ist auch in Grundkursen gut möglich.[3] Der Unterrichtsabschnitt 2.3 in der Handreichung (2021) zeigt den elementaren Aufbau der Arithmetik, den man gemeinsam mit den Lernenden entwickelt.

Wir schließen den Punkt mit einer Veranschaulichung der neuen Zahlen auf der Geraden. Veranschaulichen können wir uns die neue Situation, wenn wir eine Lupe zu Hilfe nehmen – mit einer unendlichen Vergrößerung – und zum Beispiel auf die 0 und die 1 richten. Mit einem „Unendlichkeitsfernrohr" sehen wir in unendlicher Ferne infinite Zahlen. Diese Art der Veranschaulichung ist kein Trick. Sie ist mathematisch so legitim (s. Kuhlemann 2018a, hier erweitert in Kap. 6) wie die Veranschaulichung finiter Verhältnisse.

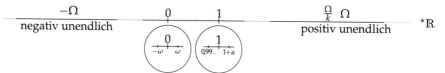

Unendlich nah um jede reelle Zahl r – wie hier im Bild um 0 und 1 – liegen hyperreelle Zahlen $\gamma \simeq r$.

---

[3]s. Basiner (2019), Dörr (2017), Fuhrmann und Hahn (2019), Heinsen (2019)

Definition 2.8 Ist r eine reelle Zahl, so bilden die hyperreellen Zahlen γ mit $\gamma \simeq r$ eine *Monade* um r.

Monaden sind in sich geschlossen. Denn $\simeq$ ist eine Äquivalenzrelation.

Wie selbstverständlich haben wir eine wesentliche Vorstellungserweiterung vorgenommen. Mit den unendlich kleinen und großen Zahlen hat sich die *Zahlengerade* verändert. Auf der Zahlengeraden liegen jetzt auch die neuen Zahlen.

▶   Es gibt *die* Zahlengerade nicht mehr, die mit $\mathbb{R}$ identifiziert wird.

2.3   Funktionen, Folgen und Stetigkeit

2.3.1   Standard

Reelle Funktionen sind mengentheoretisch gesehen Mengen von geordneten Paaren reeller Zahlen, die wir als Punkte in ein Koordinatensystem eingetragen denken und die dort als Graphen der Funktionen erscheinen. Dabei stellen wir uns gewöhnlich geometrische Linien vor, die allenfalls hier und dort „aus dem Rahmen fallen". Diese aber sind, wenn man an die überabzählbar vielen möglichen Kombinationen zweier Zahlen in den überabzählbaren Mengen von Paaren denkt, seltene Ausnahmen unter den Graphen. Wie sagt man, was eine „normale" Funktion ist, deren Graph eine stetige Linie ist? Historisch haben solche stetigen „Kurven" die Vorstellung von Funktionen bestimmt.

Wie sagt man heute, was stetig heißt?

Zur Vorbereitung: Aus einer Folge (x_n) reeller Zahlen entsteht, wenn eine reelle Funktion f gegeben ist, eine Folge von Funktionswerten $(f(x_n))$. Wenn (x_n) konvergiert, ist nicht gesagt, dass $(f(x_n))$ konvergiert. Beispiel: $(x_n) = (\frac{1}{n})$ und $f(x) = \frac{1}{x}$. Eine Ausnahmestelle in der Stetigkeit von f ist 0. Auch das Umgekehrte gilt nicht. Beispiel: $(x_n) = ((-1)^n)$ und $f(x) = x^2$. Nach Definition 2 im Punkt 2.1.3 konvergiert $((f(x_n))$ gegen den Grenzwert a, wenn $\forall \varepsilon > 0 \exists N \in \mathbb{N} \forall n \in \mathbb{N} (n > N \to |f(x_n) - a| < \varepsilon)$.

Wir versuchen jetzt, den gutartigen Fall zu beschreiben, in dem der Graph von f eine stetige Linie ist. Das Verhalten der Folge $(f(x_n))$ ist abhängig von der Folge (x_n). Konvergiert jetzt (x_n) gegen x_0, ist a der Grenzwert von $(f(x_n))$ und $f(x_0) = a$, so hat man anschaulich die Situation, dass sich die Punkte $(x_n, f(x_n))$ auf dem stetigen Graphen bewegen und sich dem Punkt $(x_0, f(x_0))$ nähern. D. h., wenn sich die x_n dem Wert x_0 nähern, dann nähern sich die $f(x_n)$ dem Wert $f(x_0)$. Man schreibt:

$$\lim_{x_n \to x_0} f(x_n) = f(x_0).$$

Die Stetigkeit macht aus, dass dies für alle Folgen (x_n) mit dem Grenzwert x_0 so ist:

Satz 2.3 Sei f eine reelle Funktion. Gilt

$$\lim_{x_n \to x_0} f(x_n) = f(x_0)$$

für alle Folgen (x_n) mit dem Grenzwert x_0, dann ist f stetig in x_0.

Oft ist diese Aussage die Definition der Stetigkeit, und man spricht vom „Folgen-grenzwert". Im Unterricht kommt sie allenfalls propädeutisch vor.

Gewöhnlich aber wird die Stetigkeit anders formuliert, indem man nicht an Schritte x_n, sondern an ein „Fließen" von x-Werten denkt, die sich x_0 nähern, und an die fließende Bewegung der Punkte $(x, f(x))$ auf dem stetigen Graphen. Man schreibt:

$$\lim_{x \to x_0} f(x) = f(x_0).$$

Definition 2.9 Sei f eine reelle Funktion, x_0 eine reelle Zahl. f heißt stetig in x_0, wenn gilt:

$$\forall \varepsilon > 0 \, \exists \delta > 0 \, \forall x \, (|x - x_0| < \delta \to |f(x) - f(x_0)| < \varepsilon).$$

Kurz: f heißt stetig in x_0, wenn $\lim\limits_{x \to x_0} f(x) = f(x_0)$ ist.

Auch die präzise „ε-δ-Definition" der Stetigkeit sieht man im Unterricht selten, sofern das Problem der Stetigkeit überhaupt thematisiert wird. Der Grund ist der große Abstand von der Vorstellung des Fließens bis zur statisch logischen ε-δ-Formulierung. Im Kap. 7 erörtern wir das Problem des Stetigkeitsbegriffs.

2.3.2 Nonstandard

Wir beginnen wie eben im Unterpunkt „Standard" und erinnern an die ersten Bemer-kungen dort. Wie kann man nonstandard den stetigen „Normalfall" einer Funktion ausdrücken?

Sei wieder f eine reelle Funktion, (x_n) eine konvergente Folge reeller Zahlen und $(f(x_n))$ die zugehörige Folge der Funktionswerte. Wir stellen uns wieder den Graphen von f als Linie vor, auf dem die Punkte $(x_n, f(x_n))$ „fließen". Sie kommen $(x_0, f(x_0))$ unendlich nah. Das ist, nonstandard gesehen, die Stetigkeit.

Explizit: (x_n) konvergiert, repräsentiert also eine finite hyperreelle Zahl ξ. Es ist $\xi = x_0 + dx$ mit dem infinitesimalen dx, das durch die Folge $(x_n - x_0)$ repräsentiert wird. Also ist ξ unendlich nah bei x_0: $\xi \simeq x_0$. Dann ist $f(\xi)$ unendlich nah zu $f(x_0)$. Kurz: Aus $\xi \simeq x_0$ folgt $f(\xi) \simeq f(x_0)$.

Was aber ist $f(\xi)$? $f(\xi)$ ist die hyperreelle Zahl, die durch die Folge $(f(x_n))$ repräsentiert wird. In der Weise wie hier, durch die Folgen der Funktionswerte, werden reelle Funktionen f auf die hyperreellen Zahlen fortgesetzt. Wir können daher allgemein für hyperreelle Zahlen x formulieren:

Definition 2.10 Sei f eine reelle Funktion, x_0 eine reelle Zahl. f heißt stetig in x_0, wenn gilt

$$\forall x \, (x \simeq x_0 \rightarrow f(x) \simeq f(x_0)) \,.$$

Wir bemerken, dass von Folgen in der Definition nicht die Rede ist. Stetigkeit ist arithmetisch charakterisiert.

Wir behandeln – standard und nonstandard – das grundlegende Problem der Stetigkeit, ausgehend von der Situation im Unterricht, im Kap. 7.

2.4 Ableitung und Differentialquotient – standard und nonstandard

Das Grundproblem der Differentialrechnung ist, so wollen wir es hier auffassen, die Bestimmung der Tangente an eine Kurve – das alte Problem der Berührung von Geradem und Gekrümmtem. Wir versetzen diese Situation in die heutige Differentialrechnung und sprechen von Funktionen und ihren Graphen. Alles ist wieder sehr elementar, da es uns um das Grundsätzliche geht.

2.4.1 Nonstandard

Wir schauen zunächst auf den Nonstandard-Zugang. Am Anfang steht die Näherung.

Sei f eine reelle Funktion. Die Abbildung zeigt die ersten Glieder einer Folge von Sekanten, die sich in ihrer Richtung einer gedachten Tangente an den Graphen von f im Punkt $(x_0, f(x_0))$ nähern.

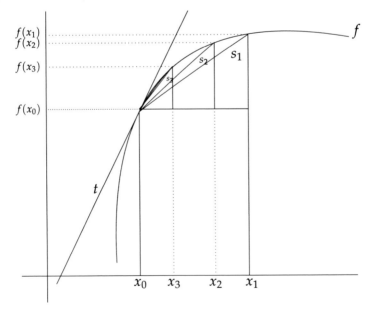

Die Steigungen der Sekanten s_i sind die Quotienten $\frac{\Delta y_i}{\Delta x_i}$ der Differenzen $\Delta x_i = |x_i - x_0|$ und $\Delta y_i = |f(x_i) - f(x_0)| = |f(x_0 + \Delta x_i) - f(x_0)|$. Wie denkt man nonstandard?

Die Nullfolge der (Δx_i) repräsentiert eine infinitesimal Zahl dx, die Nullfolge der (Δy_i) repräsentiert eine infinitesimale Zahl dy.

Das sind die historischen „Differentiale", die nonstandard zurückkehren.

Sie bilden den „Differentialquotienten" $\frac{dy}{dx}$.

Die Differentiale dx, dy sind die infinitesimalen Längen der Katheten eines unendlich kleinen Sekantendreiecks mit unendlich kleiner Sekante ds, das „am Ende" erscheint. Es ist das alte charakteristische Dreieck, das wir unendlichfach vergrößert sehen:

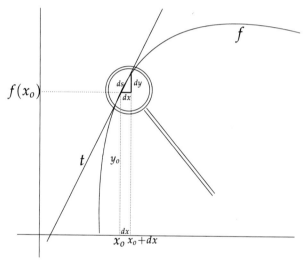

Charakteristisches Dreieck

Wir erinnern daran, dass die „Unendlichkeitslupe", die die unendlich kleinen geometrischen Verhältnisse zeigt, kein methodischer Trick, sondern mathematisch begründet ist (s. Kap. 6).

Der Differentialquotient $\frac{dy}{dx} = \frac{f(x_0 + dx) - f(x_0)}{dx}$ ist die Steigung der Sekante ds, die Teil der Tangente t ist:

Die Steigung der Tangente ist $\frac{dy}{dx}$

– bis auf eine infinitesimale Abweichung, die bei der Bildung des reellen Standardteils verschwindet:

$f'(x_0) = st(\frac{dy}{dx})$, der Standardteil des Differentialquotienten, ist die Ableitung von f an der Stelle x_0.

Ableitung und Differentialquotienten müssen wir nonstandard unterscheiden. Wir fassen zusammen und formulieren sparsam:

Definition 2.11 Sei f eine reelle Funktion. f heißt in x_0 differenzierbar, wenn für alle infinitesimalen dx der Standardteil des Differentialquotienten $\frac{f(x_0 + dx) - f(x_0)}{dx}$ gleich einer reellen Zahl a ist. a heißt Ableitung von f in x_0 und wird mit $f'(x_0)$ bezeichnet. Kurz:

$$f'(x_0) = st\left(\frac{f(x_0 + dx) - f(x_0)}{dx}\right).$$

Wir bemerken: Von den Differenzenfolgen, die zu dx und dy führten, ist nicht mehr die Rede. Es geht nicht mehr um Prozesse und Folgen, sondern um Arithmetik. Anschaulich bedeutet das, dass man nach einer ersten Heuristik mit Näherungen nur noch mit dem charakteristischen Dreieck arbeitet.

Wir demonstrieren die Definition am Beispiel $f(x) = x^2$.

Berechnung des *Differential*quotienten:

$$\frac{dy}{dx} = \frac{f(x_o + dx) - f(x_o)}{dx} = \frac{(x_o + dx)^2 - x_o^2}{dx}$$

$$= \frac{x_o^2 + 2x_o dx + dx^2 - x_o^2}{dx} = 2x_o + dx.$$

Bildung des Standardteils:

$$f'(x_0) = st(\frac{dy}{dx}) = st(2x_o + dx) = 2x_0.$$

Das Rechnen sieht sehr bekannt aus. Wie sieht die Rechnung in Standard aus?

2.4.2 Standard

Bestimmung des *Differenzen*quotienten:

$$\frac{\Delta y}{\Delta x} = \frac{f(x_o + \Delta x) - f(x_o)}{\Delta x} = \frac{(x_o + \Delta x)^2 - x_o^2}{\Delta x}$$

$$= \frac{x_o^2 + 2x_o \Delta x + \Delta x^2 - x_o^2}{\Delta x} = 2x_o + \Delta x.$$

Bildung des Grenzwert:

$$f'(x_o) = \lim_{\Delta x \to 0} \frac{\Delta y}{\Delta x} = \lim_{\Delta x \to 0} (2x_o + \Delta x) = 2x_o.$$

Der Unterschied zur Nonstandard-Rechnung ist geringfügig: Man schreibt Δx statt dx und bildet den Grenzwert statt des Standardteils. So sehr sich die Rechnungen ähneln, das Denken und die Vorstellungen in den beiden Zugängen sind sehr verschieden.

So bezieht sich die folgende Standarddefinition nicht auf Folgen, sondern auf den ε-δ-Grenzwert (Definition 2.9):

Definition 2.12 Sei f eine reelle Funktion. f heißt in x_0 differenzierbar, wenn der Grenzwert des Differenzenquotienten $\lim\limits_{\Delta x \to 0} \dfrac{f(x_0 + \Delta x) - f(x_0)}{\Delta x} = a$ für ein $a \in \mathbb{R}$ ist. a heißt Ableitung von f an der Stelle x_0 und wird mit $f'(x_0)$ bezeichnet. Kurz:

$$f'(x_0) = \lim\limits_{\Delta x \to 0} \frac{f(x_0 + \Delta x) - f(x_0)}{\Delta x}.$$

Welche Vorstellungen stehen hinter der Standarddefinition?

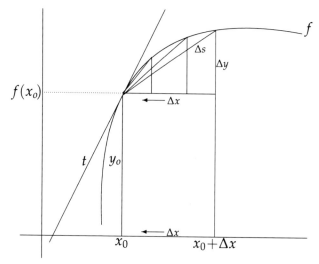

Der Anfang ist wie nonstandard eben in 2.4.1. Man denkt genauso an eine schrittweise Näherung. Dann aber „fließen" die Differenzen $\Delta x = x - x_0$ und $\Delta y = f(x) - f(x_0)$ und nähern sich stetig der 0. Die Hypotenusen Δs der immer kleiner werdenden Sekantendreiecke streben so gegen die gedachte Tangente t im Berührungspunkt $(x_0, f(x_0))$ an den Graphen. Der auffallende Unterschied zu Nonstandard ist, dass die Sekantendreiecke „schließlich" im Punkt $(x_0, f(x_0))$ verschwinden und mit ihnen Δx, Δy und die Sekanten Δs. Zugleich, so denken wir, strebt der Differenzenquotient $\frac{\Delta y}{\Delta x}$ gegen die Steigung der gedachten Tangente. Sie ist das Ziel: die Steigung der Tangente als der Grenzwert der Differenzenquotienten $\frac{\Delta y}{\Delta x}$. Mit der Punktsteigungsformel ist die Tangente bestimmt.

2.5   Integral

Das Grundproblem der Integralrechnung, die Flächen- und Volumenbestimmung krummlinig begrenzter Flächen und Körper, weist weit zurück in die Geschichte der Mathematik und hat frühe Näherungsverfahren hervorgebracht. Näherungen – im weiteren Sinn – bestimmen auch heute die Vorstellungen bei der Einführung des Integrals.

Uns geht es um das Elementare in der Begriffsbildung des Integrals. Daher sprechen wir hier nur über „normale", nämlich stetige Funktionen und orientieren uns am Riemann-Integral. Wir sprechen *nicht* von den verschiedenen Definitionen von Integrierbarkeit von Funktionen und werden auch keine Definitionen angeben. Wir gehen wieder von Näherungen aus, die zu Folgen führen, und beschreiben das Integral aus dem Elementaren, aus der Idee heraus.

2.5.1   Standard

Eine Veranschaulichung einer Näherung, hier mit einer „Untersumme", auf dem Weg zum Riemann-Integral sieht gewöhnlich so aus:

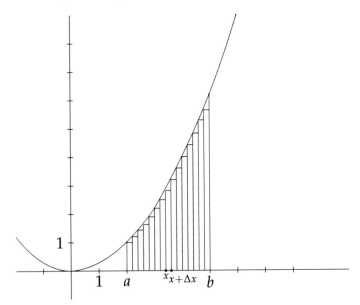

Dies ist eine Momentaufnahme in einem Prozess, in dem Δx gegen 0 und zugleich die Anzahl der Teilintervalle gegen unendlich strebt. Die Vorstellung ist, dass die Rechteckflächen verschwinden, während sich ihre Summe der Fläche unter dem Graphen nähert. Die Summe der Rechteckflächeninhalte strebt gegen den gesuchten Flächeninhalt.

Genauer: Δx teilt das Intervall $[a, b]$ in, sagen wir, m gleichbreite Teilintervalle. Wir durchlaufen also eine unendliche Folge (m) und parallel eine unendliche Folge

(Δx_m). (m) wächst ins Unendliche, während $(\Delta x_m) = (\frac{b-a}{m})$ gegen 0 strebt. Δx fließt also nicht, sondern ist als Nullfolge repräsentiert.

Wir betrachten das einfachste *Beispiel:* Der Graph oben stamme von $f(x) = x^2$. Wir setzen $a = 0$.

Sei $b = m \cdot \Delta x_m$, $k < m$ und $x_k = k \cdot \Delta x_m$.
Der Flächeninhalt eines Rechteckstreifens von x_k bis $x_k + \Delta x_m$ ist
$f(x_k) \cdot \Delta x_m = (x_k)^2 \cdot \Delta x_m = (k \cdot \Delta x_m)^2 \cdot \Delta x_m$.
Die Gesamtfläche der Streifen ist die Summe:

$$\sum_{k=0}^{m-1} (k \cdot \Delta x_m)^2 \cdot \Delta x_m = \Delta x_m^{\;3} \cdot \sum_{k=0}^{m-1} k^2$$

$$= \Delta x_m^{\;3} \frac{(m-1) \cdot m \cdot (2m-1)}{6} = \frac{\Delta x_m \, m \cdot \Delta x_m (m-1) \cdot \Delta x_m (2m-1)}{6}$$

$$= \frac{\Delta x_m \, m \cdot (\Delta x_m \, m - \Delta x_m) \cdot (2\Delta x_m \, m - \Delta x_m)}{6} = \frac{b \cdot (b - \Delta x_m) \cdot (2b - \Delta x_m)}{6}$$

$$= \frac{b \cdot (2b^2 - 3b \, \Delta x_m + \Delta x_m^2)}{6} = \frac{1}{3}b^3 - \frac{1}{2}b^2 \, \Delta x_m + \frac{1}{6}b \, \Delta x_m^2.$$

Die Fläche unter der Kurve ist der Grenzwert dieser Summen. Mit m gegen unendlich strebt Δx_m gegen 0. Also ist für $f(x) = x^2$

$$\lim_{m \to \infty} \sum_{k=0}^{m-1} f(x_k)\Delta x_m = \lim_{\Delta x_m \to 0} \frac{1}{3}b^3 - \frac{1}{2}b^2 \, \Delta x_m + \frac{1}{6}b \, \Delta x_m^2 = \frac{1}{3}b^3 .$$

Dieses Beispiel ist für uns das Muster für die folgende Formulierung des bestimmten Integrals. Wir betonen noch einmal, dass wir uns auf stetige Funktionen f beschränken – mit positiven Werten über dem abgeschlossenen Intervall $[a, b]$. Wir wählen für jedes m eine äquidistante Einteilung des Intervalls $[a, b]$ in Teilintervalle der Länge $\Delta x_m = \frac{b-a}{m}$. Die folgende Definition verwendet den Grenzwert der *Obersummen.*

Prinzip Sei f eine stetige, monoton steigende Funktion, $f(x) \geq 0$ auf dem Intervall $[a, b]$, das in m Teilintervalle der Breite $\Delta x_m = \frac{b-a}{m}$ zerlegt ist. Dann heißt

$$\int_a^b f(x) \, dx = \lim_{m \to \infty} \sum_{k=1}^{m} f(x_k) \cdot \Delta x_m$$

bestimmtes Integral von f über $[a, b]$.

Das Besondere auf dem Weg zu dieser Definition und der Definition selbst ist der doppelte Prozess: den der divergierenden Folge der Anzahlen (m) der Intervalle und den der Nullfolge der Δx_m, deren Folgenglieder von der Anzahl m abhängen.

2.5.2 Nonstandard

Die Heuristik beginnt wie standard mit dem gleichen Bild. Wir denken und sehen nur anders. Wir sehen quasi dreimal hin und denken zweimal:

> Zuerst sehen wir das Bild als Momentaufnahme im Prozess der Näherung – genauso wie oben.
> Dann sehen wir das Bild in einer Folge von Bildern mit m Rechtecken der Breite (Δx_m)
> und denken die Folge (m) der Anzahlen der Rechtecke und die Nullfolge der zugehörigen (Δx_m) der Breite der Rechtecke.
> Dann denken wir die Folge (m) als Repräsentanten einer infiniten hyperreellen Zahl μ und die Folge (Δx_m) als Repräsentanten einer infinitesimalen Zahl dx.
> Wir sehen das folgende Bild der μ Rechtecke infinitesimaler Breite dx.

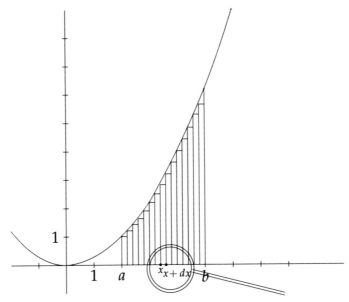

Der Unterschied zum Standardbild ist minimal: Aus Δx wird dx. Wir sind aber nicht mehr in einem Prozess, in dem Δx_m gegen 0 strebt, sondern sind in einem festen Zustand: dx ist unendlich klein. Die hyperreelle Summe der infinit vielen, nämlich μ, Rechteckflächen *ist* – bis auf einen unendlich kleinen, also reell unsichtbaren Unterschied – der gesuchte Flächeninhalt, das bestimmte Integral. Man „sieht" das bestimmte Integral, die Fläche unter der Kurve als Summe der infinitesimalen Rechteckstreifen. Die Summe der Flächeninhalte ist zu berechnen. Der Standardteil ist das bestimmte Integral.

Wir betrachten das gleiche Beispiel wie oben und rechnen jetzt die Obersumme aus. Der Graph stamme von $f(x) = x^2$. Wir setzen wieder $a = 0$.

Sei $b = \mu \cdot dx$ und $x_k = k \cdot dx$. k kann finit und infinit sein.
Der Flächeninhalt eines Rechteckstreifens von x_k bis $x_k + dx$ ist
$f(x_k) \cdot dx = (x_k)^2 \cdot dx = (k \cdot dx)^2 \cdot dx$.
Die Fläche unter der Kurve wird so bestimmt:

$$\sum_{k=1}^{\mu} (k \cdot dx)^2 \cdot dx = dx^3 \cdot \sum_{k=1}^{\mu} k^2$$

$$= dx^3 \frac{\mu(\mu + 1)(2\mu + 1)}{6} = \frac{dx\,\mu \cdot dx(\mu + 1) \cdot dx(2\mu + 1)}{6}$$

$$= \frac{dx\,\mu \cdot (dx\,\mu + dx) \cdot (2dx\,\mu + dx)}{6} = \frac{b \cdot (b + dx) \cdot (2b + dx)}{6}$$

$$= \frac{b \cdot (2b^2 + 3b\,dx + dx^2)}{6} = \frac{1}{3}b^3 + \frac{1}{2}b^2\,dx + \frac{1}{6}b\,dx^2 \simeq \frac{1}{3}b^3.$$

Nach dem Rechnen tritt an die Stelle des doppelten Grenzprozesses nonstandard der arithmetische Übergang mit $\simeq$ zum Standardteil. Das Rechnen oben mit Δx_k auf dem Standardweg, das genauso aussieht, wird zum Rechnen mit dx. Wesentlich beim Rechnen ist die Rechenregel für reelle und finite hyperreelle Zahlen, die wir oben angaben: Es ist $r \cdot dx \simeq 0$ für jedes finite r. Da die Arithmetik wie die der reellen und natürlichen Zahlen ist, gelten die arithmetischen Formeln, z. B.

$$\sum_{k=1}^{n} k^2 = \frac{n \cdot (n + 1) \cdot (2n + 1)}{6},$$

auch für hypernatürliche Zahlen.

Die folgende Aussage beschreibt die Idee des bestimmten Integrals für stetige Funktionen:

Prinzip Sei f eine stetige Funktion, $f(x) \geq 0$ auf dem Intervall $[a, b]$, das durch die Teilpunkte $x_k = a + k\frac{b-a}{\mu}$ in μ Intervalle der Breite $dx = \frac{b-a}{\mu}$ zerlegt ist. Dann ist

$$\int_a^b f(x)\,dx = st\left(\sum_{k=0}^{\mu} f(x_k) \cdot dx\right)$$

das bestimmte Integral von f über $[a, b]$.

Wir bemerken: Das Integral ist, so wie es historisch war, von der Idee her eine Summe, die heute im stilisierten Summenzeichen $\int$ als Bezeichnung präsent ist. Die Anzahl der Summanden ist unendlich, die Summe wird ausgerechnet und man geht zum reellen Standardteil über. Folgen spielen eine heuristische, keine begriffliche Rolle.

2.6 Anwendungen – standard und nonstandard

In der Handreichung (2021) sind im Abschn. 2.2 die Ableitungsregeln nonstandard bewiesen. Wir verweisen für die Summen-, Faktor- und Potenzregel dorthin – auf die S. 17 –, da die Herleitungen der Regeln standard und nonstandard vollständig parallel verlaufen. Die Herleitungen der Produkt- und Kettenregel führen wir hier aus, da es wichtige Unterschiede gibt. Wir übernehmen die Beweise aus der Handreichung (2021, S. 18) und stellen die Standardbeweise daneben.

In den Beweisen des Hauptsatzes unterscheiden sich Standard und Nonstandard gravierend. Die anschauliche Idee, die standard in einen Grenzwertbeweis führt, ist nonstandard quasi der Beweis.

2.6.1 Produktregel

Satz 2.4 Seien f und g differenzierbar. Dann ist $(fg)' = f'g + fg'$.

Nonstandard
Beweis:

Sei $dy = f(x + dx) - f(x)$ und $dz = g(x + dx) - g(x)$. Dann ist

$$\frac{fg(x + dx) - fg(x)}{dx} = \frac{f(x + dx)g(x + dx) - f(x)g(x)}{dx}$$

$$= \frac{(f(x) + dy)(g(x) + dz) - f(x)g(x)}{dx}$$

$$= \frac{f(x)g(x) + dyg(x) + f(x)dz + dydz - f(x)g(x)}{dx}$$

$$= \frac{dyg(x) + f(x)dz + dydz}{dx} = \frac{dy}{dx}g(x) + f(x)\frac{dz}{dx} + dy\frac{dz}{dx} \simeq f'(x)g(x) + f(x)g'(x),$$

denn $dy \cdot \frac{dz}{dx} \simeq dy \cdot g'(x)$ ist infinitesimal. $\square$

Der Beweis, das ist typisch nonstandard, rechnet die Regel schlicht aus.

Standard

Beweis:

$$\frac{fg(x + \Delta x) - fg(x)}{\Delta x} = \frac{f(x + \Delta x)g(x + \Delta x) - f(x)g(x)}{\Delta x}$$

$$= \frac{f(x + \Delta x)g(x + \Delta x) - f(x)g(x + \Delta x) + f(x)g(x + \Delta x) - f(x)g(x)}{\Delta x}$$

$$= \frac{f(x + \Delta x) - f(x))}{\Delta x}g(x + \Delta x) + f(x)\frac{g(x + \Delta x) - g(x)}{\Delta x}$$

Damit ist

$$\lim_{\Delta x \to 0} \left(\frac{f(x + \Delta x) - f(x))}{\Delta x} g(x + \Delta x) + f(x) \frac{g(x + \Delta x) - g(x)}{\Delta x} \right)$$

$$= \lim_{\Delta x \to 0} \left(\frac{f(x + \Delta x) - f(x))}{\Delta x} g(x + \Delta x) \right) + \lim_{\Delta x \to 0} \left(f(x) \frac{g(x + \Delta x) - g(x)}{\Delta x} \right)$$

$$= f'(x)g(x) + f(x)g'(x) \,. \qquad \Box$$

Vor der Grenzwertbildung wird in diesem Beweis ein Kunstgriff verwendet: die geschickte Addition von $0 = f(x)g(x + \Delta x) + f(x)g(x + \Delta x)$ in der zweiten Zeile.

2.6.2 Kettenregel

Satz 2.5 Seien f und g differenzierbar. Dann ist $(f \circ g)' = (f' \circ g) \cdot g'$.

Die Beweise fallen nonstandard und standard sehr unterschiedlich aus.

Nonstandard

Beweis der Kettenregel:
   Seien $y = g(x)$ und $z = f(y)$, also $z = f(g(x))$. Dann sind

$$dy = g(x + dx) - g(x) \text{ und } dz = f(y + dy) - f(y) \,.$$

Sei $dy \neq 0$. Es folgt $\frac{dz}{dy} \simeq f'(y)$ und $\frac{dy}{dx} \simeq g'(x)$. Aus der Gleichung für die Differentialquotienten

$$(*) \quad \frac{dz}{dx} = \frac{dz}{dy} \cdot \frac{dy}{dx} \text{ folgt für die Ableitungen}$$

$$(f(g(x)))' = f'(y) \cdot g'(x) = f'(g(x)) \cdot g'(x).$$

Ist $dy = 0$, dann ist $g'(x) = 0$ und die letzte Gleichung trivial erfüllt. $\qquad \Box$

Standard
Um hier übersichtlich beweisen zu können, nutzt man in der Regel die Definition der Ableitung, die über Folgen und Grenzwerte formuliert ist:

Definition 2.13 Sei f eine reelle Funktion. f heißt in x_0 differenzierbar, wenn für alle Folgen (x_n) mit $\lim_{n \to \infty} x_n = x_0$ und $x_n \neq x_0$ der Grenzwert des Differenzenquotienten $\lim_{x_n \to x_0} \frac{f(x_n) - f(x_0)}{x_n - x_0} = a$ für ein $a \in \mathbb{R}$ ist. a heißt Ableitung von f an der Stelle x_0 und wird mit $f'(x_0)$ bezeichnet.

Diese Formulierung ist äquivalent zur Definition der Ableitung im Punkt 2.4.2, wenn mengentheoretisch das Auswahlaxiom vorausgesetzt ist, das das Auswählen von Elementen aus unendlich vielen Mengen erlaubt. Wenn wir in die obigen Beweise sehen, erkennen wir, dass das Auswählen aus Mengen alltäglich ist.

Beweis der Kettenregel:
Konvergiere (x_n) gegen x und es sei $x_n \neq x$ für alle n. Seien $y = g(x)$, $y_n = g(x_n)$, $K = \{n \in \mathbb{N} \mid y_n = y\}$ und $\overline{K} = \{n \in \mathbb{N} \mid y_n \neq y\}$. Es können drei Fälle auftreten.

(1) K ist endlich. Dann können die endlich vielen Fälle $y_n = y$ vernachlässigt werden. Es gibt also ein größtes n für die $y_n = g(x_n)$, von dem ab die folgende Argumentation gilt:

$$\lim_{n \to \infty} \frac{f(g(x_n)) - f(g(x))}{x_n - x} = \lim_{n \to \infty} \frac{f(y_n) - f(y)}{y_n - y} \cdot \frac{g(x_n) - g(x)}{x_n - x}$$

$$= f'(g(x)) \cdot g'(x).$$

(2) $\overline{K}$ ist endlich. Dann können die endlich vielen Fälle $y_n \neq y$ vernachlässigt werden. Also gibt es einen größten Index n unter den $y_n \neq y$, von dem ab $g(x_n) = y_n = y = g(x)$ ist. Damit gilt:

$$\frac{f(g(x_n)) - f(g(x))}{x_n - x} = 0 \text{ und } g'(x) = \frac{g(x_n) - g(x)}{x_n - x} = 0.$$

In beiden Fällen (1) und (2) gilt also: $(f(g(x)))' = f'(g(x)) \cdot g'(x)$.
(3) K und $\overline{K}$ sind unendlich. Dann kann die Folge (x_n) in zwei konvergente Teilfolgen zerlegt werden, sodass für die eine der Fall (1), für die andere der Fall (2) vorliegt. □

Dieser Beweis ist nicht schwierig, wegen der Fallunterscheidungen aber umständlich und aufwendig. Bisweilen wird daher in Standardlehrbüchern auf die praktische dx, dy, dz-Arithmetik (∗) des Nonstandard-Beweises oben verwiesen, ohne allerdings anzumerken, dass dies der Kern eines präzisen Beweises ist.

2.6.3 Hauptsatz

Mit den elementaren Mitteln dieses Kapitels, können wir, wenn wir nonstandard denken und der Idee des Integrals als unendlicher Summe folgen, einen sehr einfachen Beweis des Hauptsatzes führen. In der Handreichung (2021) ist im Abschn. 2.2 (S. 19 ff) der Hauptsatz das Ziel des Unterrichtsgangs.

Satz 2.6 (Hauptsatz). Sei f eine stetige Funktion. Ist $F(x) = \int_a^x f(t)dt$, dann ist $F'(x) = f(x)$.

Der Beweis besteht nonstandard quasi in einem Bild. Es zeigt, wie der Hauptsatz nonstandard als elementarer Ausdruck des Zusammenhanges zwischen den Operationen des Integrierens und des Differenzierens erscheint – so, wie er wohl auch historisch unmittelbar gesehen wurde.

Nonstandard
Wir setzen die Integrierbarkeit stetiger Funktionen voraus. Die Beweisidee ist dieses Bild:

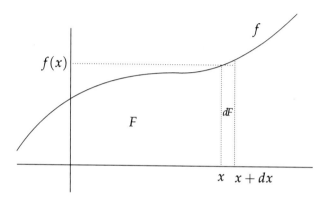

Beweis des Hauptsatzes:
Wir sehen

$$dF = F(x + dx) - F(x).$$

Da f im Intervall $[x, x + dx]$ bis auf einen infinitesimalen Fehler konstant ist, ist

$(*)\, dF \simeq f(x) \cdot dx$, also

$$F'(x) \simeq \frac{dF}{dx} \simeq f(x).$$

Die Argumentation ist korrekt. Denn der Fehler in der infinitesimalen Abschätzung $(*)$, sichtbar im infinitesimalen Dreieck zwischen Kurve und dem Rechteck $f(x) \cdot dx$, ist kleiner als das kleine Rechteck $dx \cdot dy$, und das ist infinitesimal im Verhältnis zum infinitesimalen Rechteck $f(x) \cdot dx$. Das Rechteck $dx \cdot dy$ berechnet sich aus zwei infinitesimalen Strecken, das Rechteck $f(x) \cdot dx$ aus einer nicht-infinitesimalen und einer infinitesimalen Strecke.
   Ausgerechnet:

Ist $dy = f(x + dx) - f(x)$, so ist das Rechteck $dy \cdot dx$ größer als der infinitesimale Fehler in der Abschätzung $(*)$, welcher der Dreiecksinhalt $D = dF - f(x) \cdot dx$ ist.

Mit $D < dy \cdot dx$, also $\frac{D}{dx} < dy$ ist $F'(x) \simeq \frac{dF}{dx} = \frac{f(x) \cdot dx + D}{dx} \simeq f(x)$.   □

Standard

Die Idee des Beweises ist standard die gleiche und beginnt wie nonstandard mit dem obigen Bild. Der Beweis braucht dann umfangreiche Grenzwertbetrachtungen (z. B. Behrends (2004), S. 95) oder andere Mittel (Mittelwertsatz der Integralrechnung), die die Beweisidee als „nur anschaulich" erscheinen lässt.

Wir setzen die Integrierbarkeit stetiger Funktionen voraus. Auch den Mittelwertsatz der Integralrechnung setzen wir voraus, damit der Standardbeweis anschaulich und übersichtlich wird.

Satz 2.7 (Mittelwertsatz). *Sei* $f : [a, b] \rightarrow \mathbb{R}$ *eine stetige Funktion . Dann gibt es ein* $x_0 \in [a, b]$ *mit*

$$\int_a^b f(x)dx = f(x_0) \cdot (b - a).$$

Beweis des Hauptsatzes:

Seien I ein Intervall, $f : I \rightarrow \mathbb{R}$ stetig, $a \in I$ und $F_a = \int_a^x f(x)dx$. Sei $x \in I$. Dann ist

$$\frac{F_a(x + h) - F_a(x)}{h} = \frac{1}{h} \cdot \int_x^{x+h} f(x)dx = \frac{1}{h}((x + h) - x) \cdot f(x_0) = f(x_0)$$

für ein x_0 in $[x, x + h]$. Ist (h_n) eine Nullfolge, so entsteht eine Folge (x_n), sodass $\frac{F_a(x+h_n)-F_a(x)}{h_n} = f(x_n)$ ist und (x_n) gegen x konvergiert. Da f stetig ist, folgt

$$\lim_{n \to \infty} \frac{F_a(x + h_n) - F_a(x)}{h_n} = \lim_{n \to \infty} f(x_n) = f(x).$$ □

2.7   Zur Entwicklung der Begriffe

Wir sind der Idee der Näherung gefolgt. Näherungen begannen endlich, wurden potentiell unendlich und sind heute die aktual unendlichen Folgen der modernen Mathematik. Sie sind der Ausgangspunkt der Entwicklung der Begriffe in der Analysis.

Der Grundgedanke der Bildung der reellen Zahlen und der infinitesimalen Zahlen ist, sie als Folgen zu setzen, genauer: sie durch Folgen zu repräsentieren.[4] Reelle Zahlen entstehen aus rationalen Folgen. Nonstandard setzt den Konstruktionsgedanken fort und bildet hyperreelle Zahlen aus reellen Folgen. Über den reellen Zahlen

---

[4]Es gibt auch Konstruktionen der reellen Zahlen anderer, speziellerer Art, etwa über Dedekindsche Schnitte (Dedekind 1888) oder Intervallschachtelungen (vgl. Strehl 1996).

entsteht die Arithmetik der hyperreellen Zahlen, die die Fortsetzung der Arithmetik der reellen Zahlen ist.

Standard arbeitet man mit reellen Folgen und ihren Grenzwerten. Nonstandard gehen die reellen Folgen in den hyperreellen Zahlen auf. An die Stelle des Formalismus der Grenzwerte tritt nonstandard die Arithmetik der hyperreellen Zahlen. Die Bildung des Standardteils ist eine arithmetische Relation. Die Bildung des Standardteils hyperreeller Zahlen tritt nonstandard an die Stelle der Bildung des Grenzwerts.

In den Begriffen von Ableitung und Integral werden die unterschiedlichen Ansätze wirksam. Standard sind Ableitung und Integral von der Idee her Grenzwerte von Folgen. Nonstandard sind sie Standardteile hyperreeller Zahlen.

▶ Standard und Nonstandard unterscheiden sich bis auf Bezeichnungsweisen in den elementaren Rechnungen nicht.

▶ Das Denken, die Bildung der Begriffe, die Vorstellungen und Anschauungen sind verschieden und damit die Führung der Beweise.

Axiomatik

3

Thomas Bedürftig

Die überall präsente Arithmetik der reellen Zahlen haben wir im Kap. 2 vorausgesetzt. Sie ist die Basis der Arithmetik der hyperreellen Zahlen, die wir in diesem Kapitel axiomatisch beschreiben wollen. Wichtige Regeln des Rechnens mit hyperreellen Zahlen haben wir bereits im Punkt 2.2.2 angegeben. Im Abschn. 2.3 in der (Handreichung 2021) werden sie schrittweise entwickelt und bewiesen.

Zuerst aber, vor der Axiomatik der hyperreellen Zahlen, wollen wir uns bewusst machen, wie die Basis, die Arithmetik der reellen Zahlen aussieht, worauf sie aufbaut und welche Besonderheiten sie hat. Im Unterricht ist die Andeutung eines axiomatischen Vorgehens selten zu finden. Der Schritt in die theoretische Mathematik, die mit den reellen Zahlen beginnt, bleibt daher im Dunkeln.

3.1 Zur Axiomatik der reellen Zahlen

Die Erweiterungen der Arithmetik, mit den natürlichen Zahlen beginnend über die ganzen Zahlen, hat in den rationalen Zahlen ein algebraisches Ziel erreicht. Die rationalen Zahlen bilden arithmetisch den angeordneten Körper $(\mathbb{Q}, +, \cdot, \leq)$. Kurz: Addition und Multiplikation sind assoziative und kommutative Operationen, die Differenz- und Quotientenbildung erlauben, durch Distributivgesetze verbunden sind und der Anordnung $\leq$ folgen.

T. Bedürftig (✉)
Institut für Didaktik der Mathematik und Physik, Universität Hannover, Hannover, Niedersachsen, Deutschland
E-mail: beduerftig@idmp.uni-hannover.de

T. Bedürftig et al. (Hrsg.), *Über die Elemente der Analysis – Standard und Nonstandard*, https://doi.org/10.1007/978-3-662-64789-9_3

3.1.1 Axiome

Die reellen Zahlen übernehmen die arithmetisch-algebraischen Eigenschaften von $\mathbb{Q}$.

Arithmetische Axiome
$(\mathbb{R}, +, \cdot, \leq)$ ist ein angeordneter Körper.

Die Motivation zur Erweiterung der rationalen Zahlen zu den reellen Zahlen entsteht, da die rationalen Zahlen algebraische Defizite aufweisen. Die Lösung algebraischer Gleichungen, z. B. die Operation des Wurzelziehens in $\mathbb{Q}$, ist nur partiell möglich. Standardbeispiel: $\sqrt{2}$. Der Weg der Erweiterung zu $\mathbb{R}$ ist nicht arithmetisch. Er ist von der Idee her geometrisch und versucht im „Vollständigkeitsaxiom", die Stetigkeit der Geraden logisch-mengentheoretisch nachzuzeichnen. Wir wählen eine Version des Vollständigkeitsaxioms, die das praktische Ziel formuliert, nämlich Näherungsprozessen einen Grenzwert zu geben:

▶   **Vollständigkeitsaxiom**
     Jede monotone beschränkte Folge (a_n) in $\mathbb{R}$ konvergiert:
     Es gibt $a \in \mathbb{R}$ mit der Eigenschaft

$$\forall \varepsilon > 0 \, \exists n_0 \in \mathbb{N} \, \forall n \in \mathbb{N}(n > n_0 \Rightarrow |a_n - a| < \varepsilon)$$

Aus dieser Formulierung der Vollständigkeit folgt sofort, dass $(\mathbb{R}, \leq)$ archimedisch angeordnet ist.

Satz 3.1 (Archimedisches Axiom) Für alle $r \in \mathbb{R}$ gibt es $n \in \mathbb{N}$ mit $n > |r|$.

Denn nimmt man an, es gäbe ein $s \in \mathbb{R}$ mit $s \geq n$ für alle $n \in N$, dann wäre die Folge (n) beschränkt und hätte einen Grenzwert a, in dessen noch so kleinen ε-Umgebungen natürliche Zahlen $n, m, n \neq m$, lägen. Das ist unmöglich. (Ist z. B. $\varepsilon < 1$, dann würde $|n - m| < 1$ folgen.)
    Die Axiome sind mengentheoretisch formuliert. Das ist heute selbstverständlich. Nicht selbstverständlich ist, dass man sich klar macht, was man dabei voraussetzt, nämlich die Mengentheorie.

Mengentheoretische Axiome
Man setzt *implizit* die Axiome der Mengenlehre voraus, die den Umgang mit unendlichen Folgen und Mengen regeln.

Genauer: Man braucht ein Fragment der mengentheoretischen Axiomatik (vgl. Bedürftig und Murawski 2017, S. 356). Wir nennen nur das Potenzmengenaxiom, das Ersetzungsaxiom und das Auswahlaxiom. Das Unendlichkeitsaxiom, das die natürlichen Zahlen als unendliche Menge setzt, braucht man nicht, da die unendliche Folge der natürlichen Zahlen im Körper der reellen Zahlen arithmetisch aus den Summen der Eins – $(1, 1 + 1, 1 + 1 + 1, \ldots)$ – entsteht.

3.2 Zur Axiomatik der hyperreellen Zahlen

Im Unterrichtsgang 2.3 der Handreichung (2021) wird das Rechnen mit den hyperreellen Zahlen Schritt für Schritt entwickelt. Sie ist, setzt man die reelle Arithmetik voraus, so elementar, dass man sie im Mathematikunterricht gemeinsam mit den Schülerinnen und Schülern erfinden, aufbauen und begründen kann. Gegen Ende des Abschn. 2.3 der Handreichung (2021) wird im Rückblick eine einfache Axiomatik des Rechnens formuliert und auch auf ein Transferprinzip hingewiesen, das zuvor in den Unterrichtsgängen zur Ableitung und zum Integral intuitiv verwendet worden ist: Mengen, Relationen und Funktionen werden auf die hyperreellen Zahlen fortgesetzt gedacht.

Der Übergang von den reellen Zahlen $\mathbb{R}$ zu den hyperreellen Zahlen $^*\mathbb{R}$ ist unproblematisch. Das, was in 2.3 am Ende in einfachen Worten steht, brauchen wir hier nur zu ergänzen und mathematisch präzise zu formulieren.

3.2.1 Begriffe, Bezeichnungen, Axiome

Wir stellen zusammen, was man mathematisch für die Arithmetik der hyperreellen Zahlen $^*\mathbb{R}$ braucht. Der Einfachheit halber denken wir *positiv:* Alle vorkommenden Zahlen in der Aufstellung seien größer als 0 – außer 0.

(i) Sei $\mathbb{R} \subseteq {}^*\mathbb{R}$. Die Elemente von $^*\mathbb{R}$ heißen **hyperreelle Zahlen.**
     α heißt unendlich klein oder **infinitesimal,** wenn $\forall r \in \mathbb{R}\,(\alpha < r)$. Wir schreiben $\alpha \simeq 0$.

(ii) Es gibt in $^*\mathbb{R}$ ein *infinitesimales* α.
     Steht α in Verbindung zu einer Zahl x, schreibt man oft dx für α. Man spricht vom „Differential" dx.
     x und $x+dx$ liegen *unendlich nah* beieinander. Dafür schreiben wir: $x+dx \simeq x$.
     Das Inverse $\frac{1}{\alpha}$ einer infinitesimalen Zahl ist *unendlich groß* oder *infinit.*
     Γ heißt **infinit,** wenn $\forall r \in \mathbb{R}\,(\Gamma > r)$. Wir schreiben $\Gamma \gg 1$.
     Finite Zahlen sind Zahlen γ mit $\gamma < n$ für ein $n \in \mathbb{N}$.

Der Schlüssel für den Übergang vom Hyperreellen zum Reellen ist das

▶ **Standardteilaxiom**
   (iii) Jede finite hyperreelle Zahl γ liegt unendlich nah zu genau einer reellen Zahl r: $\gamma \simeq r$. r heißt der *Standardteil* oder der reelle Teil von γ.

Der Schlüssel für den Übergang vom Reellen zum Hyperreellen ist das

▶ **Transferaxiom**
  (iv) Zu jeder Relation R auf $\mathbb{R}$ gibt es die hyperreelle Fortsetzung $^*R$ auf
       $^*\mathbb{R}$ mit $R \subseteq {}^*R$.
  (v) Jede rein arithmetisch formulierte Aussage in $\mathbb{R}$ gilt in $^*\mathbb{R}$.

Dies ist alles. Mehr als dieses Vokabular und die Axiome (i) bis (v) benötigt man zum Arbeiten im neuen erweiterten Zahlbereich $^*\mathbb{R}$ nicht. Da die Erweiterung bei den reellen Zahlen beginnt, bleibt ihre Einführung und Klärung die eigentliche Aufgabe des Unterrichts. Das Vollständigkeitsaxiom in der Axiomatik und die unendlichen Folgen in der Konstruktion sind die Quelle der methodische Probleme.

Zur Konstruktion der reellen und hyperreellen Zahlen

Thomas Bedürftig

4.1 Einleitung

Die praktische mathematische Arbeit mit den reellen wie den hyperreellen Zahlen stützt sich auf die Axiomatiken des vorigen Kapitels. Sie regeln, *wie* man mit den Zahlen arbeitet.

Wir beginnen mit den reellen Zahlen, auf denen die Analysis aufbaut. In der Lehre kommt ihre Konstruktion aus den rationalen Zahlen sehr selten vor, im Unterricht gar nicht. Das hängt mit dem hohen Abstraktionsgrad der Konstruktion zusammen und ihrer geringen Bedeutung für die Praxis. Man braucht sie nicht. Eigentlich aber möchte jede und jeder wissen, *was* diese Zahlen sind, mit denen sie und er da arbeitet und womit alles beginnt. Darüber gibt die Konstruktion Auskunft, und daher stellen wir gerade auch die Konstruktion der reellen Zahlen hier vor.

Die Konstruktion zeigt in anderer Weise, als es der axiomatische Zugang tut, einen besonderen Moment: Die Mathematik steigt mit den reellen Zahlen in die „höhere Mathematik", in die *Theorie* auf. Charakteristisch für die Konstruktionen ist die Verwendung aktual unendlicher Mengen, für die es in der Realität keine Entsprechung gibt. Ansätze und Andeutungen der Konstruktion, der „Erfindung" der reellen Zahlen, in der Lehre und auch im Unterricht sind wichtig, um ein Bewusstsein für diesen Moment zu schaffen. Man denke z. B. an eine offene Diskussion der unendlichen nichtperiodischen Dezimalbrüche (s. Punkt 5.3.1), an Dedekindsche Schnitte oder eine Diskussion der Idee im Punkt 2.1.2 (und gleich hier im nächsten Abschnitt).

T. Bedürftig (✉)
Institut für Didaktik der Mathematik und Physik, Universität Hannover, Hannover, Deutschland
E-mail: beduerftig@idmp.uni-hannover.de

© Der/die Autor(en), exklusiv lizenziert durch Springer-Verlag GmbH, DE, ein Teil von Springer Nature 2022
T. Bedürftig et al. (Hrsg.), *Über die Elemente der Analysis – Standard und Nonstandard*,
https://doi.org/10.1007/978-3-662-64789-9_4

Die Konstruktion der hyperreellen Zahlen ist so wenig geläufig wie die Zahlen selbst. Ihre Konstruktion müssen wir vorstellen. Wie die hyperreellen Zahlen aus den reellen Zahlen hervorgehen, wird man zumindest sehen wollen, wenn man mit der Handreichung (2021) oder anderweitig mit hyperreellen Zahlen arbeitet. Die Idee der Konstruktion haben wir im Abschn. 2.2 angedeutet. Der Unterrichtsgang 3.1 in der Handreichung (2021) folgt dieser Idee.

Wir werden die Konstruktionen der reellen Zahlen und der hyperreellen Zahlen beschreiben. Die bekannte Konstruktion von $\mathbb{R}$ werden wir andeuten, ihre Bedingungen und das Ziel erläutern und die Schritte der Konstruktion angeben. Für die algebraischen Beweise und die Beweise der Ordnungseigenschaften verweisen wir zumeist in die Literatur. Wir konzentrieren uns auf die Vollständigkeit von $\mathbb{R}$, das eigentliche Anliegen der Konstruktion.

4.2 Konstruktion der reellen Zahlen

Im Kap. 2, in dem wir die Ideen hinter den Elementen der Analysis geschildert haben, haben wir auch die Idee hinter den reellen Zahlen gezeigt – sehr vorläufig und speziell. Die Idee, die wir verfolgen, ist die Näherung. Wir zitieren:

Prinzip Ist (a_n) ein Folge rationaler Zahlen, die die Diagonale d im Einheitsquadrat annähert, dann repräsentiert (a_n) die irrationale Zahl $\sqrt{2}$.

Vorläufig ist: Wir können in die Konstruktion eines Zahlenbereichs keine geometrische Größe d einbeziehen. Wir können auch nicht von einem Grenzwert sprechen, den die rationale Folge (a_n) annähert. Die Grenzwerte gibt es noch nicht. Wir müssen sie erst konstruieren – als reelle Zahlen. Das ist das *Ziel*.

Die reellen Zahlen liegen auch nirgendwo vor, wie man verbreitet annimmt und dabei seltsamerweise auf die Zahlengerade weist. *Zuerst* sind die reellen Zahlen zu konstruieren, damit sie anschließend auf eine Gerade gesetzt werden können. *Erst dann* liegen sie dort – veranschaulicht als Punkte auf der „Zahlengeraden".

Die Konstruktion beginnt mit den rationalen Zahlen $\mathbb{Q}$. Ausgangspunkt sind die Folgen rationaler Zahlen. Welche Folgen aber nimmt man? Solche Folgen, die die Idee „Näherung" verkörpern. Fast alle dieser Folgen aber haben keine Zahl als Grenzwert, da das Objekt der Näherung wie im eben formulierten Prinzip z. B. geometrisch ist. Cauchy hat diese Art von Folgen charakterisiert, die daher Cauchy-Folgen oder auch Fundamentalfolgen heißen, weil sie grundlegend für alles Weitere sind:

►   Eine Folge (a_n) heißt Cauchy-Folge, wenn gilt
       $\forall \varepsilon > 0 \, \exists N \in \mathbb{N} \, \forall n, m \in \mathbb{N} \, (n, m > N \Rightarrow |a_n - a_m| < \varepsilon)$.

Wenn wir an Folgen denken, etwa an monotone beschränkte Folgen, denen im Voll-
ständigkeitsaxiom im Kap. 3 ein Grenzwert zugeschrieben wird, ist die Cauchy-
Eigenschaft anschaulich offensichtlich. Ein knapper Beweis steht in der Fußnote[1].
Zusammengefasst funktioniert die Konstruktion der reellen Zahlen so:

$\mathbb{Q}^{\mathbb{N}}$ ist der Ring aller Folgen rationaler Zahlen.

▶ $\mathbb{R}$ ist der Faktorring des Ringes der rationalen Cauchy-Folgen nach dem
    maximalen Ideal der Nullfolgen.

Mit diesem Hinweis begnügt man sich oft und geht zum „reellen Alltag" über. Wir
wollen die Komplexität der Konstruktion, das *Kunstwerk* $\mathbb{R}$, wenigstens sichtbar
machen, auch wenn wir nur wenige Beweise wirklich ausführen. Wir müssen dies
hier tun, weil die reellen Zahlen heute die Elemente der Elemente der Analysis sind.

4.2.1   Schritte der Konstruktion

Auf $\mathbb{Q}^{\mathbb{N}}$, der Menge aller rationalen Folgen, werden Folgen gliedweise addiert
und multipliziert. $(\mathbb{Q}^{\mathbb{N}}, +, \cdot)$ ist ein Ring mit 1.

▶ F sei die Menge der rationalen Cauchy-Folgen.
    $(F, +, \cdot)$ ist ein Ring mit 1, da Summen und Produkte von Cauchyfolgen
    wieder Cauchyfolgen sind. Beweise findet man z. B. in (Ebbinghaus 1983,
    S. 34).

▶   Zwei rationale Folgen (a_n), (b_n) heißen äquivalent, wenn die Differenz-
    folge $(a_n - b_n)$ eine Nullfolge ist:
    $(a_n) \cong (b_n) :\Leftrightarrow \forall \varepsilon \, \exists N \, \forall n > N \, (|a_n - b_n| < \varepsilon)$.
    N sei die Menge der Nullfolgen in F. N ist Ideal in F (einfacher Beweis
    a.a.O. S. 35).

▶ $\mathbb{R}$ ist die Menge F/N der Äquivalenz- oder Restklassen $\overline{(a_n)} = (q_n) + N$
    rationaler Cauchyfolgen (q_n).

▶   Die Klassen $\overline{(a_n)} = (q_n) + N$ heißen reelle Zahlen.

---

[1]Annahme: (a_n) ist keine Cauchyfolge. Dann gilt, weil (a_n) monoton ist, $\exists \varepsilon > 0 \, \forall n_0 \, \exists m, n (m > n > n_0 \wedge a_m \geq a_n + \varepsilon)$. Wir bestimmen eine Teilfolge (b_k) von (a_n). Setze $b_1 = a_1$. Sei b_{k-1} bestimmt. Dann gibt es $m_k > n_k > m_{k-1}$ mit $a_{m_k} \geq a_{n_k} + \varepsilon$. Setze $b_k = a_{m_k} \geq b_{k-1} + \varepsilon$. $(b_k) \geq (k \cdot \varepsilon)$ ist eine unbeschränkte Teilfolge von (a_n). Also is (a_n) unbeschränkt im Widerspruch zur Voraussetzung.

▶   Die rationalen Zahlen $\mathbb{Q}$ finden wir in $\mathbb{R}$ wieder als die Restklassen
    $(q, q, q, \ldots) + N$ konstanter Folgen mit $q \in \mathbb{Q}$.

▶   Da N ein Ideal ist, kann man Restklassen addieren und multiplizieren:
    $((a_n) + N) + ((b_n) + N) = (a_n) + (b_n) + N = (a_n + b_n) + N$,
    $((a_n) + N) \cdot ((b_n) + N) = ((a_n) \cdot (b_n)) + N = (a_n \cdot b_n) + N$.

▶   Die Definition der Anordnung $<$ über Klassen $\overline{(a_n)} < \overline{(b_n)}$, wenn $\exists n_0 \in$
    $\mathbb{N}\ \forall n \in \mathbb{N}\ (n > n_0 \Rightarrow a_n < b_n)$
    drückt aus, dass $\overline{(a_n)}$ kleiner als $\overline{(b_n)}$ ist, wenn „schließlich" alle a_n kleiner
    sind als die zugehörigen b_n.

Der Beweis für die Repräsentantenunabhängigkeit dieser Definition ist formal. Wir
verweisen auf (Oberschelp 1968, S. 128 f.).

Satz $(\mathbb{R}, +, \cdot, \leq)$ ist ein angeordneter Körper. $\mathbb{R}$ erfüllt das Archimedische Axiom
und das Vollständigkeitsaxiom.

Für die algebraischen Beweise der Körpereigenschaften verweisen wir auf (Ebbing-
haus 1983, S. 35).
   Wesentlich ist das Ziel der Konstruktion, die Vollständigkeit. Den Beweis der
Vollständigkeit führen wir aus und orientieren uns ganz an der Konstruktion.

Satz (Vollständigkeit) Jede monotone beschränkte Folge (a_n) in $\mathbb{R}$ konvergiert.

Das Archimedische Axiom folgt, wie wir im Kap. 3 gezeigt haben. Vor dem Beweis
werfen wir einen Blick auf die rationalen Cauchyfolgen, mit denen alles beginnt.

Einschub
Wir beobachten, ob für monotone und beschränkte *rationale* Folgen wirklich das
Ziel erreicht ist. Das erste Ziel der Konstruktion von $\mathbb{R}$ war die Konvergenz dieser
Folgen gegen eine *Zahl*. Jetzt haben wir die reellen Zahlen konstruiert. Sei (a_n) eine
solche monoton steigende und beschränkte Folge rationaler Zahlen in $\mathbb{R}$. Dann ist
jedes Folgenglied a_n eine Restklasse $(q_n, q_n, q_n \ldots) + N$ mit $q_n \in \mathbb{Q}$. Gegen welche
reelle Zahl konvergiert $(a_n) = ((q_n, q_n, q_n \ldots) + N)$?

Satz Ist $(a_n) = ((q_n, q_n, q_n \ldots) + N)$ eine monotone beschränkte Folge rationaler
Zahlen, dann hat sie den Grenzwert $(q_n) + N$.

Da (a_n) monoton steigend und beschränkt ist, gilt dies auch für (q_n). Also ist (q_n)
eine Cauchyfolge und $(q_n) + N$ eine reelle Zahl.
   Wenn wir von der formalen Unterscheidung von (a_n) und (q_n) absehen, die wir der
Genauigkeit wegen machen mussten, erkennen wir die Grundidee der Konstruktion,
die wir in Punkt 2.1.2 knapp formuliert hatten:

Der reelle Grenzwert einer rationalen Folge *ist* die rationale Folge.

Jetzt steht es in der Behauptung genauer da, so, wie wir es im ersten Prinzip im Kap. 2 formuliert haben:

▶   Die rationale Folge (a_n) repräsentiert die reelle Zahl, gegen die sie konvergiert.

Es fehlt noch der Beweis des Satzes.

Beweis:
Wir müssen die Folgen (a_n) und (q_n) wieder unterscheiden und überhaupt sehr genau und formal sein. $\tilde{\varepsilon}$ sei eine rationale Zahl, also $\tilde{\varepsilon} = (\varepsilon, \varepsilon, \varepsilon, \ldots) + N$. Zu zeigen ist

(a) $\forall (\varepsilon, \varepsilon, \varepsilon, \ldots) + N > 0 \ \exists n_0 \ \forall n (n > n_0 \Rightarrow$
  $|((q_n, q_n, q_n \ldots) + N) - ((q_k) + N)| < (\varepsilon, \varepsilon, \varepsilon, \ldots) + N.$

Die Abschätzung in der zweiten Zeile von (a) formen wir um und bestätigen sie: $|((q_n, q_n, q_n \ldots) + N) - (q_k) + N| = (|q_n - q_1|, |q_n - q_2|, |q_n - q_3|, \ldots) + N < (\varepsilon, \varepsilon, \varepsilon, \ldots) + N.$ Diese Abschätzung ist nach Definition der Anordnung richtig, weil (q_k) eine Cauchyfolge ist, also ein n_0 existiert, derart, dass für alle $n > n_0$ gilt: $|q_n - q_k| < \varepsilon.$ □

Beweis der Vollständigkeit
Da $\mathbb{Q}$ dicht in $\mathbb{R}$ liegt, reicht es, wenn wir im folgenden rationale ε betrachten.

(1) Als monotone beschränkte Folge ist (a_n) eine Cauchyfolge (Beweis s. o.). Wir nehmen (a_n) monoton steigend an.
(2) Ist eine Zahl a gegeben, $a = (q_n) + N$, dann konvergiert (q_n) in $\mathbb{R}$ gegen a. Es ist $a = (q_n) + N$ und $q_n = (q_n, q_n, q_n, \ldots) + N$. Dann ist $a - q_n = (q_n) + N - (q_n, q_n, q_n, \ldots) + N = (q_1 - q_n, q_2 - q_n, q_3 - q_n, \ldots) + N$. Sei ε gegeben. Da (q_n) eine Cauchyfolge ist, gibt es n_0, dass für $k, n > n_0$ gilt: $|q_k - q_n| < \varepsilon$ und damit $|a - q_n| = |(q_n) + N - (q_n, q_n, q_n, \ldots) + N| = (|q_1 - q_n|, |q_2 - q_n|, |q_3 - q_n|, \ldots) + N < \tilde{\varepsilon} = (\varepsilon, \varepsilon, \varepsilon, \ldots) + N.$
(3) Zu jedem Folgenglied a_n gibt es eine rationale Folge (q_{n_m}), die gegen $a_n = (q_{n_m}) + N$ konvergiert. Aus (q_{n_m}) wählen wir r_n mit $|a_n - r_n| < \frac{1}{n}$. Da (a_n) monoton steigend ist, können wir zusätzlich $r_{n-1} \leq r_n$ fordern. Ist $a_{n-1} = a_n$, ersetzen wir, falls nötig, den Repräsentanten (q_{n_m}) durch (q_{n-1_m}). Ist $a_{n-1} < a_n$, dann ist $(q_{n-1_m}) < (q_{n_m})$, also gilt „schließlich", von einem k_0 ab, $q_{n-1_m} < q_{n_m}$. Aus den q_{n_m} mit $m > k_0$ wählen wir r_n.
(r_n) ist monoton steigend und beschränkt und konvergiert gegen $a = (r_n) + N \in \mathbb{R}$. Auch (a_n) konvergiert gegen a. Zu zeigen ist: $\forall \tilde{\varepsilon} > 0 \ \exists n_o \ \forall n (n > n_0 \Rightarrow |a_n - a| = |(q_n) + N - (r_n) + N| = (|q_n - r_n|) + N < (\varepsilon, \varepsilon, \varepsilon, \ldots) + N$. Wähle n mit $\frac{1}{n} < \varepsilon$. □

4.3   Hyperreelle Zahlen

Auch die Konstruktion der hyperreellen Zahlen folgt der Idee der Näherung. Die Näherung steuert wieder einen Grenzwert b an, bleibt aber in infinitesimalem Abstand β quasi vor ihm stehen. Was ist β und $b + \beta$?

Nehmen wir eine Näherung an 0, also eine Nullfolge (r_n). Da nichts anderes als die Folge (r_n) vorliegt, haben wir im Punkt 2.1.2 die Idee knapp so formuliert:

(r_n) *ist* die infinitesimale Zahl β.

Vorsichtiger sagt es das

Prinzip   Ist (r_n) ein Nullfolge, dann repräsentiert (r_n) eine infinitesimale Zahl β.

Die Konstruktion der hyperreellen Zahlen $^*\mathbb{R}$ folgt diesem Prinzip, das dem Prinzip der Konstruktion von $\mathbb{R}$ gleicht. Ausgangspunkt ist jetzt der Ring $\mathbb{R}^{\mathbb{N}}$ aller *reellen* Folgen.

Um einen ersten Eindruck von der Konstruktion zu bekommen, deuten wir zunächst die Erweiterung der natürlichen Zahlen $\mathbb{N}$ zu den natürlichen Nichtstandardzahlen $^*\mathbb{N}$, den „hypernatürlichen Zahlen", an.

4.3.1   Hypernatürliche Zahlen

Wir gehen aus von der Menge aller unendlichen Folgen natürlicher Zahlen, die wir mit (a_n), (b_n), (c_n) usw. bezeichnen. Wir identifizieren Folgen (a_n), (b_n), wenn sie „schließlich", also ab einer Zahl n_0 für jedes n übereinstimmen. Man sagt dann:

„Fast alle" Folgenglieder a_n, b_n sind gleich:

▶ $(a_n) \sim (b_n) :\Leftrightarrow a_n = b_n$ für fast alle n.

$\sim$ ist eine *Äquivalenzrelation*.
Für die Äquivalenzklassen $\overline{(a_n)}$, die entstehen, schreiben wir der Einfachheit halber zumeist nur die Repräsentanten (a_n).

▶   Die natürlichen Zahlen n finden wir als Äquivalenzklassen $\overline{(n; n; n; ; \ldots)}$
         der konstanten Folgen wieder.

(a_n) ist kleiner als (b_n), wenn fast alle a_n kleiner sind als die jeweils zugehörigen b_n:

▶ $(a_n) < (b_n)$, wenn $a_n < b_n$ für fast alle n.

Addition und Multiplikation funktionieren folgengliedweise:

▶ $(a_n) + (b_n) := (a_n + b_n)$.

▶ $(a_n) \cdot (b_n) := (a_n \cdot b_n)$.

Die erste und einfachste Folge natürlicher Zahlen ist ihre Folge beim Zählen:

$\Omega := (1, 2, 3, \ldots)$.

Genauer: Ω wird durch $(1, 2, 3, \ldots) = (n)$ *repräsentiert,* $\Omega + 1$ durch $(2, 3, 4 \ldots)$
$= (n + 1)$, $2 \cdot \Omega$ durch $(2, 4, 6, \ldots) = (2n)$, $2^\Omega = (2, 4, 8, 16, \ldots) = (2^n)$ etc.
Offenbar ist Ω unendlich groß. Denn

für alle n ist $n = (n, n, n, \ldots) < (1, 2, 3, \ldots) = \Omega$,

da n kleiner ist als fast alle k in $(1, 2, 3, \ldots)$. Es gibt keine kleinste unendliche
natürliche Zahl. Z. B. ist $\Omega - 3 = (0, 0, 0, 1, 2, 3 \ldots)$.

Aus der angedeuteten Konstruktion entsteht ein arithmetischer Rechenbereich,
ein Halbring. Damit er „besser" funktioniert, muss die Identifikation von Folgen
durch $\sim$ noch *erweitert* werden. Wie das geht, führen wir in der Konstruktion von
$^*\mathbb{R}$ aus. Das Endprodukt, die Menge aller Klassen $\overline{(a_n)}$, ist dann ein linear geordneter,
nullteilerfreier Halbring. Er wird mit $^*\mathbb{N}$ bezeichnet.

Das folgende Bild von $^*\mathbb{N}$ entspricht ganz der Erwartung: Erst kommen die natürlichen Standardzahlen, danach die unendlich großen Zahlen:

Wenn man z. B. zu Stammbrüchen von unendlich großen natürlichen Nichtstandardzahlen übergeht, erhält man unendlich kleine Zahlen. Z. B. ist

$$\omega = \frac{1}{\Omega} = (\tfrac{1}{1}, \tfrac{1}{2}, \tfrac{1}{3}, \tfrac{1}{4}, \ldots)$$

unendlich klein. Denn jede reelle Zahl r, die wir als konstante Folge $(r, r, r, \ldots)$
repräsentieren, ist größer als ω, da fast alle $\frac{1}{k}$ kleiner sind als r.

Die Konstruktion der hyperreellen Zahlen entsteht nach dem gleichen Prinzip,
das wir jetzt genauer beschreiben.

4.3.2   Konstruktion der hyperreellen Zahlen

Die Erweiterung zu den hyperreellen Zahlen geht von dem Ring aller reellen Zahlenfolgen aus, konvergenten wie divergenten. Wir bezeichnen den Folgenring dieser
Folgen mit $\mathbb{R}^{\mathbb{N}}$:

▶ $\mathbb{R}^{\mathbb{N}}$ ist der Ring aller Folgen reeller Zahlen.

In $\mathbb{R}^{\mathbb{N}}$ sind die arithmetischen Operationen wieder folgengliedweise definiert:

▶ $(a_n) + (b_n) = (c_n) :\Leftrightarrow a_n + b_n = c_n$ für alle n.

▶ $(a_n) \cdot (b_n) = (c_n) :\Leftrightarrow a_n \cdot b_n = c_n$ für alle n.

In diesem Ring sind die reellen Zahlen als die konstanten Folgen gegeben.
Wir brauchen zuerst eine Äquivalenzrelation. Wir definieren und bezeichnen sie wie bei der Konstruktion der hypernatürlichen Zahlen $^*\mathbb{N}$.
Wir identifizieren reelle Folgen (a_n), (b_n), wenn „fast alle" Folgenglieder, d. h. bis auf endlich viele, übereinstimmen:

▶ $(a_n) \sim (b_n) :\Leftrightarrow a_n - b_n = 0$ für fast alle n.

     $\sim$ ist eine Äquivalenzrelation auf $\mathbb{R}^{\mathbb{N}}$.

▶ V sei das Ideal der Folgen, für die fast alle Folgenglieder Null sind.

▶ $\mathbb{R}^{\mathbb{N}}/V$ ist die Menge der Äquivalenzklassen.

V ist *nicht* das Ideal der Nullfolgen N wie bei der Konstruktion von $\mathbb{R}$. Jedes Element von V ist natürlich eine Nullfolge, die Nullfolge $(\frac{1}{n})$ etwa ist aber kein Element von V.
Ist $\mathbb{R}^{\mathbb{N}}/V$, der gesuchte angeordnete Körper $^*\mathbb{R}$ der hyperreellen Zahlen? Nein.
Um das zu sehen, prüfen wir das Rechnen in $\mathbb{R}^{\mathbb{N}}/V$, das wieder wie gewohnt über die Repräsentantenfolgen der Klassen definiert ist.
Die Klassen, die Elemente in $\mathbb{R}^{\mathbb{N}}/V$, bezeichnen wir mit kleinen griechischen Buchstaben α, β, γ, ..., die durch Folgen (a_n), (b_n), (c_n), ... repräsentiert werden. Die Menge der reellen Zahlen wird hier wieder repräsentiert durch die konstanten Folgen (z. B. die 1 durch $(1; 1; 1; \ldots)$). Für Elemente $\alpha, \beta \in \mathbb{R}^{\mathbb{N}}/V$ haben wir dann z. B.

$$\alpha = \beta \Leftrightarrow a_n = b_n \text{ für fast alle } n,$$
$$\alpha + \beta = \gamma \Leftrightarrow a_n + b_n = c_n \text{ für fast alle } n,$$
$$\alpha \cdot \beta = \delta \Leftrightarrow a_n \cdot b_n = d_n \text{ für fast alle } n.$$

4.3.3   Zwei Probleme

Wir wählen α mit $(a_n) = (1 + (-1)^n) = (0; 2; 0; 2; 0; \ldots)$ und β mit $(b_n) = (1 - (-1)^n) = (2; 0; 2; 0; 2; \ldots)$.

▶   Es ist $\alpha \neq 0$ und $\beta \neq 0$, aber $\alpha \cdot \beta = 0$.

Denn $(a_n) \cdot (b_n) = (0; 0; 0; \ldots)$, d.h. es ist $\{n \mid a_n \cdot b_n = 0\}$ für fast alle, sogar für alle n.

Der Ring $\mathbb{R}^{\mathbb{N}}/V$ ist also **nicht nullteilerfrei,** und wir haben in unserer Konstruktion das Ziel eines Körpers nicht erreicht.

Wie sieht es mit der *Anordnung* aus? Es sei

▶ $\alpha < \beta \Leftrightarrow : a_n < b_n$ für fast alle n.

Ein einzelnes Beispiel aus der Anordnung: Es ist $0{,}999\ldots < 1$, wenn wir $0{,}999\ldots$ und 1 auffassen als Klassen von Folgen, da für die Repräsentanten $(0{,}9; 0{,}99; 0{,}999; \ldots) < (1; 1; 1; \ldots)$ gilt.

$<$ ist transitiv und irreflexiv, also eine Ordnungsrelation auf $\mathbb{R}^{\mathbb{N}}/V$. Aber

$<$ ist **nicht linear.**

Denn was ist mit der Potenz $(-1)^{\Omega}$? Das ist die Klasse mit dem Repräsentanten $((-1)^n) = (-1; 1; -1; 1; \ldots)$. Für sie gilt

weder $(-1)^{\Omega} < 0$ noch $(-1)^{\Omega} = 0$ noch $(-1)^{\Omega} > 0$.

Das ist ein Gegenbeispiel gegen die Linearität von $<$.

4.4   Problemlösung

Dieser Mangel und der der Nullteiler wird aufgehoben, wenn wir die Konstruktion etwas verändern, indem wir das Ideal V quasi „ausbauen" zu einem *maximalen Ideal* U. $\mathbb{R}^{\mathbb{N}}/U$ ist dann ein Körper.

Der wesentliche Schritt der Konstruktion ist bereits geschehen. Es fehlt nur noch eine mengentheoretische „Zutat", die aber über die normalen Kenntnisse eines Mathematikstudiums hinausgeht. Kurz: Es kommt für manche und manchen etwas mathematisches Neuland. Wir berichten das Notwendige, um das Prinzip darzustellen, und verweisen auf Laugwitz (1986, S. 94–98).

Was passiert im Folgenden? Wir übersetzen die bisherige arithmetisch-algebraische Konstruktion ins Mengentheoretische. Der „Ausbau" von V verläuft dann im Austausch mit Mengen und deren Eigenschaften. Das ist etwas aufwendig, wenn man sich jedoch auf das Spiel mit den Mengen einlässt, nicht schwierig.

4.4.1 Über Mengenfilter zu einem angeordneten Körper

Zu den Folgen in V gehört die Menge Cof der *cofiniten Mengen* in $\mathbb{N}$, das sind die Mengen M, für die $\mathbb{N} \setminus M$ endlich ist:

▶ $Cof = \{M \subseteq \mathbb{N} \mid \mathbb{N} \setminus M \; endlich\}.$

Damit können wir mengentheoretisch ausdrücken, was wir oben für die Folgen $(a_n) \in V$ mit „fast alle Folgenglieder sind Null" umschrieben haben:

▶ $(a_n) \in V$ genau dann, wenn $\{n \mid a_n = 0\} \in Cof.$

Das sieht künstlich aus, erlaubt aber, statt mit dem vagen umgangssprachlichen „fast alle" präzise mit dieser Menge zu arbeiten.

Die Äquivalenzrelation $\sim$ können wir jetzt so ausdrücken:

▶ $(a_n) \sim (b_n) \Leftrightarrow \{n \mid a_n - b_n = 0\} \in Cof.$

Cof ist eine spezielle Menge von Mengen natürlicher Zahlen. Sie hat besondere Eigenschaften, die man unmittelbar einsieht:

F0 $\emptyset \notin Cof$,
F1   Sind $M_1 \in Cof$ und $M_2 \in Cof$, dann ist $M_1 \cap M_2 \in Cof$,
F2   Ist $M_1 \in Cof$ und $M_1 \subseteq M_2$, dann ist $M_2 \in Cof$,
F3   Der Durchschnitt über alle Mengen M in Cof ist leer.

Solche Mengen von Mengen heißen **„freie Filter"**. Klar ist nach F2, dass $\mathbb{N}$ selbst Element in Cof ist.

Es gibt weitere solche freien Filter auf $\mathbb{N}$, auch solche, für deren Elemente M die Komplemente $\mathbb{N} \setminus M$ unendlich sind. Man bilde etwa $\mathcal{F}$, indem man die Teilmenge G aller geraden Zahlen zu Cof hinzufügt und Cof um die Teilmengen von G und alle entstehenden Schnittmengen erweitert. Dann ist $Cof \subset \mathcal{F}$.

Die Menge aller solcher freien Filter auf $\mathbb{N}$, die Cof erweitern, ist durch $\subseteq$ teilweise geordnet. Jede $\subseteq$-Kette darin hat eine obere Schranke, z. B. die Vereinigung aller Filter in der Kette.

Jetzt kommt ein mengentheoretischer Satz, das **Zornsche Lemma**. Wir sagen zum Schluss noch etwas zu diesem Lemma. Es sagt aus, dass es in dieser Situation einer teilweisen Ordnung **maximale Elemente** $\mathcal{U}$ in der $\subseteq$-Struktur aller Filter auf $\mathbb{N}$ gibt. Ein solcher Filter $\mathcal{U}$ heißt **„Ultrafilter"**. Er hat die zusätzliche Eigenschaft

F4   Für alle $M \subseteq \mathbb{N}$ gilt: $M \in \mathcal{U}$ oder $\mathbb{N} \setminus M \in \mathcal{U}$

Einen solchen maximalen Filter $\mathcal{U}$ nehmen wir und erhalten daraus das gesuchte **maximale Ideal** U genau in der Weise, wie wir V aus *Cof* heraus definiert haben:

▶ $(a_n) \in U$ genau dann, wenn $\{n \mid a_n = 0\} \in \mathcal{U}$.

Da U ein maximales Ideal ist, ist $\mathbb{R}^{\mathbb{N}}/U$ ein Körper. Dabei sind die Klassen, die Rechenoperationen und die Anordnung $<$ wie in $\mathbb{R}^{\mathbb{N}}/V$ definiert. α, β, γ, δ seien durch (a_n), (b_n), (c_n), (d_n) repräsentiert:

$$\alpha = \beta \Leftrightarrow \{n \mid a_n = b_n\} \in \mathcal{U},$$
$$\alpha < \beta \Leftrightarrow: \{n \mid a_n < b_n\} \in \mathcal{U},$$
$$\alpha + \beta = \gamma \Leftrightarrow \{n \mid a_n + b_n = c_n\} \in \mathcal{U},$$
$$\alpha \cdot \beta = \delta \Leftrightarrow \{n \mid a_n \cdot b_n = d_n\} \in \mathcal{U}.$$

Es gibt keine Nullteiler mehr wie in $\mathbb{R}^{\mathbb{N}}/V$ und die Anordnung ist linear.

▶   Wir setzen $^*\mathbb{R} := \mathbb{R}^{\mathbb{N}}/U$.

4.4.2 Anordnung und Beispiele

Wir betrachten zum Schluss die beiden Fälle, die uns sagten, dass wir auf dem Weg zu $^*\mathbb{R}$ mit der Konstruktion von $\mathbb{R}^{\mathbb{N}}/V$ noch nicht am Ende waren. Denn $\mathbb{R}^{\mathbb{N}}/V$ war a) nicht nullteilerfrei und b) nicht linear angeordnet.

a) Unser Gegenbeispiel zur Nullteilerfreiheit waren die Klassen $\alpha \neq 0$ und $\beta \neq 0$ in $\mathbb{R}^{\mathbb{N}}/V$, die von den Folgen $(a_n) = (1; 0; 1; 0; 1; \ldots)$ und $(b_n) = (0; 1; 0; 1; 0; \ldots)$ repräsentiert sind. Es war $\alpha \cdot \beta = 0$. Wie sieht es aus, wenn wir in $\mathbb{R}^{\mathbb{N}}/U$ rechnen. Auch hier ist $\alpha \cdot \beta = 0$. Wir zeigen aber jetzt: In $\mathbb{R}^{\mathbb{N}}/\mathcal{U}$ folgt aus $\alpha \cdot \beta = 0$, dass $\alpha = 0$ oder $\beta = 0$ ist. Für unser Beispiel schließen wir so: Nehmen wir $\alpha \neq 0$ an. Damit ist $X = \{n \mid a_n = 0\} \notin \mathcal{U}$. Dann aber ist wegen F4 $Y = \{n \mid b_n = 0\} = \mathbb{N} \setminus X \in \mathcal{U}$. D.h. (b_n) repräsentiert die 0, d.h. $\beta = 0$.

Die Nullteilerfreiheit allgemein folgt so[2]: Seien α und β gegeben und $\alpha \neq 0$ und $\beta \neq 0$. $A = \{n \mid a_n = 0\}$ und $B = \{n \mid b_n = 0\}$ sind dann nicht aus $\mathcal{U}$. Aus F4 folgt dann: $\{n \mid a_n \neq 0\} \in \mathcal{U}$ und $\{n \mid b_n \neq 0\}$ liegen in $\mathcal{U}$, nach F1 daher auch ihr Durchschnitt $\{n \mid a_n \neq 0 \wedge b_n \neq 0\}$. Da $\mathbb{R}$ nullteilerfrei ist, ist damit $\{n \mid a_n \cdot b_n \neq 0\} \in \mathcal{U}$ und $\alpha \cdot \beta \neq 0$.

b1) Wir weisen zuerst die Linearität von $<$ nach, zeigen also, dass für zwei Zahlen α und β einer der drei Fälle $\alpha < \beta$, $\alpha = \beta$ oder $\alpha > \beta$ gilt. α und β seien durch (a_n) und (b_n) repräsentiert. Wir betrachten die drei disjunkten Mengen

---

[2]Beweis S. Basiner.

$X_< = \{n \mid a_n < b_n\}$, $X_= = \{n \mid a_n = b_n\}$ und $X_> = \{n \mid a_n > b_n\}$. Vereinigt ergeben sie $\mathbb{N}$.

Gilt weder $X_< \in \mathcal{U}$ noch $X_> \in \mathcal{U}$, dann sind nach F4 die Komplemente $\mathbb{N} \setminus X_<$ und $\mathbb{N} \setminus X_>$ in $\mathcal{U}$, also muss nach F1 der Durchschnitt $\emptyset \neq (\mathbb{N} \setminus X_<) \cap (\mathbb{N} \setminus X_>) = X_= \in \mathcal{U}$ sein. Also ist $\alpha = \beta$.

Nehmen wir $\alpha \neq \beta$ und $\alpha \not< \beta$ an. Dann sind $X_< \notin \mathcal{U}$ und $X_= \notin \mathcal{U}$. Es folgt – immer mit F4 – $X_\geq = \{n \mid a_n \geq b_n\} = \mathbb{N} \setminus X_< \in \mathcal{U}$ und $X_\neq = \{n \mid a_n \neq b_n\} = \mathbb{N} \setminus X_= \in \mathcal{U}$, also nach F1 auch der Durchschnitt $X_\geq \cap X_\neq \in \mathcal{U}$. Dieser Durchschnitt ist $X_>$. Damit ist $\alpha > \beta$.

b2) Unser Beispiel $(a_n) = (-1)^n = (-1; 1; -1; 1; \ldots)$ oben – gegen die Linearität von $(\mathbb{R}^{\mathbb{N}}/V, <)$ – aber zeigt in $(\mathbb{R}^{\mathbb{N}}/U, <)$ etwas Besonderes. Sei α in $(\mathbb{R}^{\mathbb{N}}/U, <)$ durch (a_n) repräsentiert. Frage: Ist $\alpha < 0$ oder $\alpha > 0$? Seien $Y_< = \{n \mid a_n < 0\}$ und $Y_> = \{n \mid a_n > 0\}$. Ist $Y_< \in \mathcal{U}$, also $\alpha < 0$, oder $\mathbb{N} \setminus Y_< = Y_> \in \mathcal{U}$, also $\alpha > 0$? Wir wissen es nicht. Denn wir haben $\mathcal{U}$ nicht konkret angegeben, sondern allein auf die *Existenz* eines $\mathcal{U}$ und des maximalen Ideals U mit dem Zornschen Lemma geschlossen. In jedem Fall aber gilt einer der beiden Fälle – und wir können zum Rechnen in dem angeordneten Körper $^*\mathbb{R} = (\mathbb{R}^{\mathbb{N}}/U, +, \cdot, <)$ übergehen. Denn eine Repräsentation hyperreeller Zahlen durch Folgen spielt in der axiomatischen Praxis des Rechnens keine Rolle.

Das ist die mengentheoretische Ergänzung des Weges zu $^*\mathbb{R}$. Das Ziel war:

Satz $(^*\mathbb{R}, +, \cdot, <)$ ist ein angeordneter Körper.

Es fehlt noch die angekündigte Bemerkung zum Zornschen Lemma.

4.4.3 Anhang: Zornsches Lemma und Auswahlaxiom

Das Zornsche Lemma folgt aus dem Auswahlaxiom. Was sagt das **Auswahlaxiom:** Gegeben sei eine Menge $\mathfrak{M}$ von Mengen X. Dann kann man aus jeder der Mengen X genau ein Element auswählen und daraus eine neue Menge, die Auswahlmenge A, bilden. Es ist nichts natürlicher als das, so natürlich, dass man es als Prinzip gar nicht bemerkte. Es wird erst bemerkenswert, wenn $\mathfrak{M}$ unendlich ist, weil das Auswählen dann unendlich, also praktisch unmöglich wird.

▶   Dass es unendliche Mengen von Mengen (mathematisch) gibt, dafür ist
      das **Unendlichkeitsaxiom** zuständig. Wenn es unendliche Mengen gibt,
      ist das Auswahlaxiom so natürlich wie das Unendlichkeitsaxiom.

Das Auswahlaxiom geriet in „Verruf", weil paradoxe Erscheinungen daraus folgten (vgl. z. B. Kuhlemann 2015), die nicht in die heile Welt der unendlichen Mengen passten. Man vergaß bei der Schuldzuweisung gern das Unendlichkeitsaxiom und das **Potenzmengenaxiom,** die an den Paradoxa ebenso „schuldig" waren und sind.

Das Zornsche Lemma, viel verwendet, ist mengentheoretisch so wenig paradox wie das Auswahlaxiom. Das Auswahlaxiom ist heute weitgehend akzeptiert und in vielen Bereichen der Mathematik nicht wegzudenken (vgl. Bedürftig und Murawski 2019, S. 305 ff., S. 320 f.). Es gehört zu dem Fragment der mengentheoretischen Axiome im Hintergrund der Arithmetik der reellen Zahlen (a. a. O. S. 356 f.).

Über den Grenzwertbegriff

5

Thomas Bedürftig

5.1 Vorbemerkungen

Wir widmen dem Grenzwertbegriff ein eigenes, methodisch orientiertes, Kapitel. Der Grenzwertbegriff ist – über den reellen Zahlen – der Grundbegriff der Analysis und hat im 19. Jahrhundert die Wende von der alten anschaulich-geometrischen Mathematik zur neuen höheren Mathematik eingeleitet. Wir berichten im Kap. 8 darüber. Der Begriff des Grenzwertes von Folgen ruht auf einer gewissen Problematik, die wir gleich am Anfang von Kap. 2 beobachtet haben: der Konflikt der Vorstellung von offenen Folgen, die nicht enden, mit der Vorstellung von Folgen, die fertige Mengen sind.

Hinzu kommt, und auch das haben wir im Kap. 2 angemerkt, dass der Grenzwert einer Folge *nicht* zur Folge gehört, auch nicht, wenn die Folge als aktual unendlich, also als fertige Menge aufgefasst wird. So trivial das mathematisch ist, so problematisch ist dieser Aspekt methodisch. Denkt man weiter und schaut auf die Konstruktion von $\mathbb{R}$ im Kap. 4 und ins Kap. 2 zurück, dann ist die Situation mehr als verwickelt: Gemäß Konstruktion *gehört* der Grenzwert einer rationalen Folge nicht zur Folge, sondern er *ist* prinzipiell diese Folge, um dann ihr Grenzwert zu sein, der nicht zur Folge gehört. Kurz: $\mathbb{R}$ ist ein komplexes Kunstwerk und die Verhältnisse sind so schwierig, dass es methodische Probleme in der Lehre geben *muss*. Psychologisch sind die Hürden für die Lernenden riesig.

Ein weiterer Aspekt von Schwierigkeiten beim Begriff des Grenzwertes tritt auf, wenn es um Funktionen und den Grenzwert von Funktionswerten geht. Definiert man ihn über Folgen von Argumenten als „Folgengrenzwert" (s. Punkt 2.3.1), hat man die

T. Bedürftig (✉)
Institut für Didaktik der Mathematik und Physik, Universität Hannover, Hannover, Deutschland
E-mail: beduerftig@idmp.uni-hannover.de

T. Bedürftig et al. (Hrsg.), *Über die Elemente der Analysis – Standard und Nonstandard*,
https://doi.org/10.1007/978-3-662-64789-9_5

49

eben genannten grundsätzlichen Schwierigkeiten. Hält man sich an die Vorstellung des Fließens, so ist die statisch-logische ε-δ-Formulierung in weiter Ferne. – Über den ε-δ-Grenzwert und sein Gegenüber in Nonstandard berichten wir in Kap. 10.

Für den Standardteil des Nonstandardansatzes der Analysis, dem Pendent zum Grenzwert, brauchen wir ein eigenes Kapitel *nicht*. Ein reeller Standardteil gehört arithmetisch unmittelbar zu jeder finiten hyperreellen Zahl. Die hyperreelle Arithmetik ist elementar (s. Unterrichtsabschnitt 2.3 in der Handreichung 2021). Die hyperreellen Zahlen, die aus unendlichen Folgen entstehen, haben deren Unendlichkeit quasi „arithmetisch kristallisiert". Der Konflikt zwischen offener und aktualer Unendlichkeit ist aufgehoben. Das Unendliche steht arithmetisch zur Verfügung. Deutlich zu sehen ist das beim Begriff des Integrals, wenn die Intervalle einer infinitesimalen Einteilung eines Intervalls mit hypernatürlichen Zahlen gezählt werden.

Probleme machen Grenzwerte, seitdem es sie gibt – anfangs auch vielen Mathematikern, die sich wehrten. In der Lehre und beim Lernen der neuen höheren Mathematik sind die Probleme gravierend. Der Aufsatz (Bedürftig 2018) berichtet darüber. Wir verweisen auch auf die knappe, pointierte Darstellung in den Kap. 3 und 4 in (Bedürftig und Kuhlemann 2020).

Auch hier geben wir einen notwendig kritischen Zustandsbericht, dessen Kritik sich auf Gewohnheiten und Fehlentwicklungen richtet, die sich im Vorfeld und rund um den Einstieg in die Analysis im Unterricht gebildet haben. Ursache dafür sind die mathematischen Ansprüche, die Lernende im Unterricht in der Regel überfordern. Probleme im Übergang an die Universität sind unvermeidlich.

5.2   Reelle Zahlen und Grenzwerte

Damit Folgen konvergieren können, brauchen sie reelle Zahlen. Man hört bisweilen zur – seltenen – Frage, *was* diese reellen Zahlen denn sind, sie wären die Grenzwerte von Folgen rationaler Zahlen. Eine Antwort ist das nicht. Wenn die reellen Zahlen erst einmal da sind, dann sind sie natürlich auch Grenzwerte rationaler Zahlenfolgen. Das charakterisiert sie aber nicht, da reelle Zahlen dann genauso Grenzwerte reeller Zahlenfolgen sind.

Reelle Zahlen sind nicht die *Grenzwerte* von Folgen rationaler Zahlen, sondern sie sind diese rationalen Folgen *selbst* oder die Klassen solcher Folgen. So haben wir sie im Kap. 2 von der Idee her eingeführt und im Kap. 4 konstruiert.

Es sieht fast so aus, als ob man die Frage nach der Herkunft der reellen Zahlen über ihre alltägliche Präsenz vergessen hätte. Reelle Zahlen, mit denen alles beginnt, scheinen real geworden zu sein. Ihre Konstruktion ist lange her, man hat die reellen Zahlen als Punkte in die „Zahlengerade" gesetzt, man glaubt, man hätte die Gerade besetzt, und hält Punkte für reelle Zahlen und umgekehrt.

Mathematisch hat dieser Glaube keine Folgen, weil man in diesem Glauben genauso arbeitet, wie wenn man wissend $\mathbb{R}$ als theoretisches Modell der Geraden setzt. Methodisch-didaktisch aber führt der Glaube in fundamentale „Abwege". So heißt das Kap. 3 in (Bedürftig und Kuhlemann 2020).

Am Anfang der Einführung der reellen Zahlen im Unterricht steht eine Art Glaube an die Zahlengerade. Man bekennt sich selten explizit zu ihm, implizit aber bestimmt er zumeist das methodische Handeln:

> „Die reellen Zahlen werden also gleich zu Beginn durch die Gesamtheit **aller** Punkte der Zahlengeraden erklärt und als gegeben angesehen."[1] (Padberg et al. 2010, S. 159)

Der Grund: Die „elementare Grundvorstellung" der „lückenlosen Zahlengeraden" (a. a. O.) bietet die didaktisch gebotene Anschaulichkeit.

Dass die kunstvolle Konstruktion von $\mathbb{R}$ (s. Kap. 4) vorausgeht und die reelle Zahlengerade eine Kopie des wenig anschaulichen *überabzählbaren* Kunstwerks $\mathbb{R}$ ist, scheint vergessen. Man denkt sich vielmehr umgekehrt eine Kopie dieser Zahlengeraden und „erklärt" sie zu $\mathbb{R}$. Die Situation ist absurd:

▶   Man führt $\mathbb{R}$ als *Kopie der Kopie* von $\mathbb{R}$ ein.

Dass das illegitim ist, ist offensichtlich. Dieses selbstkopierte $\mathbb{R}$ aber ist das Fundament für alles Folgende, bis in die Lehre an der Universität hinein. Auch dort denkt man an die Zahlengerade, wenn man $\mathbb{R}$ axiomatisch (s. Kap. 3) beschreibt. Das Verhältnis von $\mathbb{R}$ und Gerade und die Bedeutung von „Zahlengerade" als Modell von $\mathbb{R}$ wird selten bewusst.

Die Konsequenzen im Unterricht sind methodisch *und* mathematisch gravierend und nachhaltig. Die Lernenden, die nichts anderes haben als rationale Zahlen, bekommen vermittelt, dass die reellen Zahlen immer schon da sind – auf der Zahlengeraden –, und sie sie nur nicht bemerkt haben. Alles, was zu tun ist, ist zu zeigen, dass etwa $\sqrt{2}$ eine irrationale Zahl ist.

▶   Dass „irrational" gerade „nicht rational" heißt und, wenn nur rationale Zahlen da sind, $\sqrt{2}$ *keine* Zahl ist, diese kognitive Provokation erleben Schülerinnen und Schüler nicht.

Sie verpassen jede Einsicht darin, was hier geschehen muss:

▶   Die Zahl $\sqrt{2}$ muss man erfinden, „erschaffen",

wie Dedekind sagt. Dass Mathematik an dieser entscheidenden Stelle aufsteigt in die *Theorie*, dass man erfinden und vereinbaren muss und nicht verstehen, wird unterdrückt. Mit dem „anschaulichen" Hinweis auf den Punkt $\sqrt{2}$ auf der Zahlengeraden, ist die Irreführung komplett. Dass es für diesen Punkt, den man als Länge der Diagonale im Einheitsquadrat identifiziert, keine Maßzahl gibt, wenn nur rationale Zahlen da sind, dieses entscheidende, historische *Erlebnis* wird den Lernenden genommen.

---

[1] Fettdruck original.

Die geschilderte, mathematisch-methodisch-didaktisch unhaltbare Situation ist
das „Fundamant" für alles, was kommt. Sie beeinflusst zuerst den Umgang mit
Grenzwerten.

5.3   Spezielle Grenzwerte

Auch wenn schon alle Zahlen als Punkte auf der Zahlengeraden vorliegen, bemüht
man sich in der Regel – die Konstruktionen der reellen Zahlen erinnernd – solche
Konstruktionen anzudeuten. Wie das geschieht, lebt von der Zahlengerade. Die zu
konstruierenden Zahlen sind schon da.

5.3.1   Unendliche Dezimalbrüche

Wir gehen von den rationalen Zahlen aus. *Reelle Zahlen gibt es noch nicht.* Wir sind
auf dem Weg zu den reellen Zahlen.

Dezimalbrüche – endlich und unendlich, periodisch und nichtperiodisch – sind
Alltag! Sie, so scheint es, sind einfach und praktisch. Wohl oft ohne größere Diskussion setzt man $\sqrt{2} = 1{,}414213\ldots$ im Unterricht. In der Lehre übernimmt man
diese Setzung, ohne sie zu hinterfragen.

Was aber ist das: $1{,}414213\ldots$? Es ist die Folge

$$(a_n) = (1;\ 1{,}4\,;\ 1{,}41\,;\ 1{,}414\,;\ 1{,}4142\,;\ 1{,}41421\,;\ 1{,}414213\,;\ \ldots),$$

also eine *unendliche Folge rationaler Zahlen,* deren Folgenglieder durch endliche
Dezimalbrüche bezeichnet sind. Wir sind bei der *revolutionären* Idee, die wir im
Kap. 2 vorgestellt haben: $\sqrt{2}$ *ist* diese Folge rationaler Zahlen:

$$\sqrt{2} := (a_n).$$

Sieht man die Konstruktion im Unterricht? Es sieht nicht so aus.

Mit dem Begriff „Bruch" in „Dezimalbruch" übergeht man den mathematischen
Abgrund zwischen den neuen reellen Zahlen und den alten rationalen Zahlen. Man
agiert so, als wenn es nur ein kleiner Schritt wäre, der von den endlichen und den
unendlichen periodischen Dezimalbrüchen zu den *unendlichen nichtperiodischen*
Dezimalbrüchen führt. Die nicht seltene Auffassung scheint zu sein:

▶   Den endlichen und unendlichen periodischen Dezimalbrüchen, die die
         rationalen Zahlen bezeichnen, fügt man die unendlichen nichtperiodi-
         schen Dezimalbrüche hinzu. *Damit sind alle reellen Zahlen da.*

Wir wollen versuchen zu verstehen, was hier passiert.

Vielleicht übersieht man manchmal, dass $1{,}414213\ldots$ nur eine *Bezeichnung* ist
– so wie die rationalen Folgenglieder a_n nur dezimal *bezeichnet* sind.

▶   Was aber bezeichnet 1,414213...? Die irrationale Zahl $\sqrt{2}$? Es gibt sie
nicht!

Es ist nichts da außer rationale Zahlen. Reelle Zahlen liegen nicht vor, unter denen wir
den Grenzwert von $(a_n) = (1; 1,4; 1,41; 1,414; 1,4142; 1,41421; 1,414213; ...)$
finden könnten. K. Weierstraß kommentiert die Lage lapidar so:

> „Wenn wir von der Existenz rationaler Zahlgrößen ausgehen, so hat es keinen Sinn, die
> irrationalen als Grenzen derselben zu definieren, weil wir zunächst gar nicht wissen, ob es
> außer den rationalen noch andere Zahlgrößen gebe." (Weierstraß 1886, S. 58)

Kurz: Wir müssen die irrationale Zahlgröße $\sqrt{2}$ erst erfinden, bevor wir sie bezeichnen können. Wir müssen sie konstruieren, z. B. so, wie wir es eben getan haben:
$\sqrt{2} := (a_n)$. Mathematisch ist das genial. Psychologisch aber ist das schwierig Der
Grenzwert ist die Folge selbst. Das ist „nicht verstandesgemäß", wie Hilbert sagt –
wegen der Unendlichkeit der Folge, hier aber ebenso sehr wegen der Selbstbezüg-
lichkeit von Grenzwert und Folge.

Diese immense Schwierigkeit in den Kommentaren berühmter Mathematiker wider.
In der Zeit der Konstruktion der reellen Zahlen (Hauptjahr 1872) spiegelt sich
Der junge Hermann Hankel (1839–1873) hinterfragte die *Vollendung*, die aktuale
Unendlichkeit, der Folgen:

> Unendliche Folgen zur Bestimmung irrationaler Zahlen sind „in ihrer Vollendung unfaßbar"
> und führen „jederzeit auf einen Widerspruch." (1867, in *Hankel 1867*, S. 59, zitiert nach
> Felscher 1978, Bd. II, S. 163)

Hermann Hankel, der auch mathematikhistorisch forschte, übernimmt unmittelbar
vor der Konstruktion der reellen Zahlen die historischen Argumente gegen die aktuale
Unendlichkeit. Wir fragen: Sind diese Argumente für unsere Schüler erledigt? Sind
z. B. unendliche Folgen für sie „in ihrer Vollendung" fassbar?
Der Mathematiker Du Bois-Reymond (1831–1889), Nachfolger von Hankel in
Tübingen, bezieht sich auf die Vorstellung einer rationalen Punktfolge auf der rationalen Zahlengerade:

> „Man fordert auch in der Tat Unmögliches, wenn eine aus den gegebenen [rationalen] Punk-
> ten herausgegriffene Punktfolge einen zu den gegebenen *nicht*[2] gehörigen Punkt bestimmen
> soll." (1882, *Du Bois-Reymond 1882*, S. 67, zitiert nach *Becker 1964*, S. 257)

Und er setzt drastisch fort:

> „Für so undenkbar halte ich dies, daß ich behaupte, keine Denkarbeit werde einen solchen
> Beweis für das Dasein des Grenzpunktes je einem Gehirn *abfoltern*[3] und vereinigte es

---

[2]Hervorhebung durch den Autor.
[3]Hervorhebung nicht original.

Newtons Divinationsgabe [Wahrsagekunst], *Eulers* Klarheit und die zermalmende Gewalt *Gauß*'ischen Geistes."

Man liest, wie Du Bois-Reymond quasi revoltiert – zehn Jahre nach der Erfindung der reellen Zahlen. Das psychologische Bild der Folter ist nicht ganz von der Hand zu weisen für das, was man mathematisch den Lernenden zumutet.

Hankel spricht noch in anderer Weise das Problem an:

> „Ein solches Mittel" zur Erfassung der irrationalen Zahlen „bietet nur die Geometrie in ihren von jedem Zahlbegriff unabhängigen Größenoperationen dar, aber nur indem sie den Begriff des Stetigen, in dem eben jener Widerspruch versteckt ist, als einen gegebenen ansieht. Das reine, *von jeder Anschauung losgelöste Denken*[4] kann das Unendliche nicht erfassen, die formale Zahlenlehre nicht das Irrationale." (1867)

Im Hinweis auf die Geometrie, die Größen und die Stetigkeit, die aus der Geometrie kommt, trifft Hankel den anderen Aspekt des Problems, dessen „Widersprüche" unsere Zahlengerade elegant – ganz ohne Grenzwerte – scheinbar erledigt. Es geht um die Vollständigkeit. Axiomatisch, im Vollständigkeitsaxiom, fordert man – Du Bois-Reymond würde „foltert" sagen – „einen zu den gegebenen nicht gehörigen Punkt" zu einer „herausgegriffenen Punktfolge" herbei.

Wir haben in den Konstruktionen und in der Axiomatik (Kap. 3 und 4) gesehen, wie neu- und eigenartig – Hankel würde „widersprüchlich" sagen – man mathematisch verfährt und Hankels und Du Bois-Reymonds Probleme übergeht. Die Zitate mögen Hinweise darauf sein, was Lernende heute mathematisch „erleiden" – und oft nicht überleben.

5.3.2   Intervallschachtelungen

Intervallschachtelungen gelten als besonders anschaulich. Beispiel $\sqrt{2}$: Das Heron-Verfahren z. B. liefert eine passende Intervallschachtelung mit rationalen Intervallgrenzen, und man kann *sehen,* wie die Schachtelung sich auf einen *Punkt* zusammenzieht, der die gesuchte reelle *Zahl* $\sqrt{2}$ ist. So denkt man:

> Die Zahl $\sqrt{2}$ ist die Zahl im Innern aller Intervalle.

Es ist seltsam. Man setzt das Ziel, eine Zahl, z. B. $\sqrt{2}$, auf der Zahlengeraden voraus. Wozu noch die Intervallschachtelung? Es kann nicht um die Konstruktion gehen. Vielleicht geht es um die Hervorhebung der Zahlengerade als Reservoir der Zahlen, sicher um die Methode der Näherung.

Wieso, könnte man fragen, liegt im Innern einer Intervallschachtelung eigentlich nur *ein* Punkt? Wie kann aus Intervallen ein Punkt werden?

---

[4]Hervorhebung durch den Autor.

Warum ist der Schnitt über alle Intervalle kein Intervall?

Das Intervall könnte unendlich klein sein? Es deutet sich das alte und neue *Infinitesimale* an, das man aber nicht ergreift. Warum nicht? Man denkt spontan *archimedisch*, versäumt oder verbietet die Idee des unendlich Kleinen und sieht genau einen Punkt.

Was für einen Punkt? Einen Punkt ohne Zahl. Es sind zu Beginn der Konstruktion nur rationale Zahlen da, die Punkte bezeichnen können. Daher ist die Wahrheit:

▶ Der Schnitt über alle rationalen Intervalle ist – arithmetisch – leer.

Man steht als Lehrender mit leeren Händen da – und weiß es vielleicht nicht, da die reellen Zahlen überall als existent vorausgesetzt werden. Sie liegen ja auf der Zahlengeraden. Man vergisst, dass man sie erst haben muss, um sie dann darauf zu legen.

Was kann man tun? Wir zitieren schließlich aus (Bedürftig und Kuhlemann 2020, S. 19): „Niemand wird $\sqrt{2}$ als Klasse von Intervallschachtelungen einführen, wie man es mathematisch tun müsste. Für den Lernenden wäre, täte man es doch, eine Klasse von Intervallschachtelungen der Grenzwert eben dieser Intervallschachtelungen, zudem von Intervallschachtelungen, die den geometrischen Punkt $\sqrt{2}$ nicht erreichen." Und noch einmal: „Psychologisch wäre das so absurd, wie es mathematisch genial ist."

5.3.3 Folge und Grenzwert

Wir gehen kurz auf psychologische Herausforderungen ein, verdeutlichen schon angesprochene und sehen weitere Aspekte.

Dass in der Definition „$\sqrt{2} := (a_n)$" ein Problem steckt, haben wir schon deutlich gesehen. Es ist die eingeübte Dezimal-Schreibweise, die vieles übersehen lässt. Das Gleichheitszeichen in

$$\sqrt{2} = (1;\ 1{,}4;\ 1{,}41;\ 1{,}414;\ 1{,}4142;\ 1{,}41421;\ 1{,}414213;\ \ldots)$$

ist ungewöhnlich und neu:

„Zahl = Folge von Zahlen!"

Spricht man darüber? In der Regel nicht, denn unendliche Dezimalbrüche werden nicht als Folgen, sondern wie Dezimalbrüche behandelt.

Das Gleichheitszeichen in

$$\sqrt{2} = (1;\ 1{,}4;\ 1{,}41;\ 1{,}414;\ 1{,}4142;\ 1{,}41421;\ 1{,}414213;\ \ldots)$$

tut zugleich so, als wenn es die Kluft zwischen Folge und Grenzwert nicht gäbe. Was hier mathematisch-theoretisch erlaubt ist, ist entfernt vom „verstandesmäßigen Denken" (Hilbert) der Schüler. Auch dieses Problem wird durch die dezimale Schreibweise nur überdeckt. Es bleibt im ungeklärten Hintergrund präsent.

Und weiter: Die Gleichheit hat nur Sinn, wenn rechts und links Objekte stehen, die man verstandesgemäß erfassen kann. Ist die Folge rechts ein Objekt des Denkens des Schülers? Wir wiederholen die Frage Hermann Hankels: Sind unendliche Folgen für Schüler „in ihrer Vollendung" fassbar?

Wir *pointieren* einmal das kognitive Problem der Definition $\sqrt{2} := 1,414213\ldots$:

> Das Problem ist die Folge $(1; 1,4; 1,41; 1,414; 1,4142; 1,41421; 1,414213; \ldots)$. Denn sie erreicht $\sqrt{2}$ nicht.

▶   **Was ist die mathematische Lösung? Das Problem! Nämlich:**
       Man definiere $\sqrt{2} := (1; 1,4; 1,41; 1,414; 1,4142; 1,41421; 1,414213; \ldots)$.

Der Prozess ist sein Ziel. Oder:

▶   **Die Folge ist ihr Grenzwert, der per definitionem unerreichbar ist.**

Es geht wieder um die *Kluft* zwischen den konvergierenden Folgen und ihren Grenzwerten. – Im Nichtstandard-Zugang übrigens wird die Kluft arithmetisch geschlossen. Sie wird zum infinitesimalen Abstand, mit dem man rechnen kann (vgl. Bedürftig und Murawski 2015, 411 ff oder 2.3 in der Handreichung 2021).

Man kann die Kluft traditionell standardmathematisch nicht überbrücken. Alle aufwendigen Versuche in endlichen Näherungen mit dynamischer Geometrie-Software, unendliche Folgen, ihre Konvergenz und ihre Grenzwerte anschaulich zu machen, ändern daran nichts. Kein Aspekt des Grenzwertbegriffs hebt die Kluft zwischen konvergierenden Folgen (oder „fließenden" Werten) und Grenzwert auf. Grenzwerte und unendliche Folgen stehen notwendig einander gegenüber – und bleiben so stehen. Ein verantwortungsvoller Unterricht wird die Kluft ernst nehmen und thematisieren.

5.3.4 $0,999\ldots$

Wie sieht es aus, wenn eine rationale Folge gegen einen rationalen Grenzwert konvergiert. Da gibt es ein Problem: die $999\ldots$-Perioden. Am einfachsten sieht man dies bei der $0,999\ldots$. Zur $0,999\ldots$ gehört die Folge

$$(0,9; 0,99; 0,999; 0,9999; 0,99999; \ldots).$$

Nach der Konstruktion von $\mathbb{R}$, die Folgen identifiziert, deren Differenzen Nullfolgen sind, gehören $(0,9; 0,99; 0,999; 0,9999; 0,99999; \ldots)$ und $(1; 1; 1; 1; 1; \ldots)$ in eine Klasse, repräsentieren also beide die Zahl 1.

Die Situation steht im Konflikt mit dem Prinzip, reelle Zahlen eindeutig als unendliche Dezimalbrüche zu schreiben, also eindeutig durch unendliche Folgen von rationalen Zahlen zu repräsentieren. Also vermittelt man, dass

$$0,999\ldots = (0,9;\ 0,99;\ 0,999;\ 0,9999;\ 0,99999;\ \ldots) = (1;\ 1;\ 1;\ 1;\ 1;\ \ldots) = 1$$

ist. Das methodische Problem aber bleibt: Die Eindeutigkeit der Darstellung ist verletzt.

Die natürliche Denkweise ist: Sind die Folgen verschieden, dann sind die Schreibweisen verschieden, also sind die Zahlen $0,999\ldots$ und 1 verschieden:

▶ $0,999\ldots \neq 1$.

Damit hat man zu kämpfen. Denn man kann im Unterricht nicht mit den Klassen in der Konstruktion von $\mathbb{R}$ wie in 4.2 und mit Nullfolgen argumentieren.

Hinzu kommt, dass man

$0,9 < 1,\ 0,99 < 1,\ 0,999 < 1,\ 0,9999 < 1,\ \ldots, \text{d.h.}$
$(0,9;\ 0,99;\ 0,999;\ 0,9999;\ \ldots) < (1;\ 1;\ 1;\ 1;\ \ldots)$ sieht, also denkt:

▶ $0,999\ldots < 1$.

Die üblichen Beweise, die das widerlegen sollen und ungeprüft mit unendlichen Folgen rechnen, sind nicht stichhaltig (vgl. Bedürftig und Murawski 2019; Abschn. 6.2). Sich etwa auf die $0,333\ldots$ zu beziehen, ist untauglich, da man voraussetzt, dass $\frac{1}{3} = 0,333\ldots$ ist, was so fraglich ist wie $0,999\ldots = 1$. Die *archimedische* Nullfolgen-Argumentation, dass die Differenz zwischen $0,999\ldots$ und 1 „kleiner *wird* als jede Zahl", verstehen viele Lernende *nicht-archimedisch* – so, wie Cauchy (s. Punkt 2.2.1):

▶   Die Differenz von $0,999\ldots$ und 1 *wird* kleiner als jede Zahl und „*ist* dann kleiner als jede Zahl'. Sie ist eine unendlich kleine Zahl.

Der Unterrichtsgang 3.1 in der Handreichung (2021) nutzt die Diskussion, um schließlich, da die Lernenden dahin tendieren, $\alpha = 1 - 0,999\ldots$ als unendlich kleine Zahl einzuführen. Die Arithmetik der hyperreellen Zahlen wird im Unterricht gemeinsam mit den Schülerinnen und Schülern so weit wie nötig entwickelt, um dann zu differenzieren und die Ableitung einzuführen.

5.3.5 Unendliche nichtperiodische Dezimalbrüche

Wir referieren aus (Bedürftig 2018). Eine entscheidende Besonderheit der unendlichen Schreibweise $1,414213\ldots$ haben wir noch gar nicht angesprochen, nämlich „nichtperiodisch" zu sein. Was eigentlich bedeuten die Pünktchen „$\ldots$", wenn man

„nichtperiodisch" sagt? Pünktchen stehen gewöhnlich für „usw.", für eine erkennbare Reihenfolge. Wir wissen, dass es sie hier gerade *nicht* gibt.

▶   „..." bedeutet hier „**nicht** so weiter!". Und das „**ohne** Ende!".

Womit haben wir es tun?

▶   Wir haben es mit zwei *Negationen* zu tun: *nicht* endlich und *nicht* periodisch.

Man weiß nicht, wie $1,414213\ldots$ weiter geht. Eine Reihenfolge ist nicht erkennbar. Die Berechnung der Stellen ist nie abgeschlossen. Wir haben keinen wirklichen Be*griff* von $1,414213\ldots$. Denn über die Folge der rationalen Zahlen, die begrifflich hinter der unendlichen nichtperiodischen Schreibweise steht, wissen wir *vor* der Konstruktion der reellen Zahlen arithmetisch nichts. Wie kann man da $\sqrt{2} = 1,414213\ldots$ schreiben?

Wir *pointieren* wieder: Das alltägliche Wort, mit dem wir leben, passt zum berühmten Mephisto-Vers:

> „Denn eben wo Begriffe fehlen,
> Da stellt ein Wort zur rechten Zeit sich ein."

Das Wort ist:

▶   „unendlich-nichtperiodisch". Es ist ein Wort ohne Begriff – nicht nur für Lernende.

Paul Lorenzen sagt:

> „Von einer Aufeinanderfolge unendlich vieler Ziffern zu reden, ist also – wenn es überhaupt nicht Unsinn ist – zumindest ein großes Wagnis. Hierüber wird im mathematischen Unterricht zur Zeit aber meist kein Wort verloren." (1957) (zitiert nach Thiel 1982, S. 327)

Verlieren wir heute Worte darüber? Müssen wir die Mahnung von Lorenzen nicht ernst nehmen?

Es wird noch problematischer.

Wir bemerken, dass $\sqrt{2} = 1,414213\ldots$ ein harmloser Fall eines „unendlichen nichtperiodischen Dezimalbruchs" ist. Man kann die Pünktchen „..." nämlich deuten – nicht auf der rein arithmetischen Ebene der Folgenglieder oder der Ziffernfolge, sondern auf der *Ebene der Berechnungsverfahren,* z. B. mit dem Heron-Verfahren. Die Pünktchen „..." bedeuten dann die Schritte in diesem Verfahren, das Folgenglied auf Folgenglied, Ziffer auf Ziffer liefert und wie das Zählen verläuft.

Damit jedoch sind wir in der *Wirklichkeit* des ganz *realen* Rechnens angekommen, in der kein Computer die Pünktchen „…" je zu Ende bringt. Verfahren münden in reale Prozesse, die bestenfalls potentiell unendlich gedacht werden können. Die mengen*theoretische* aktuale Unendlichkeit ist irreal, hier also irrelevant.

Es ist *mathematisch* anders: Hier greift der entscheidende mathematische „Kunstgriff", das *Unendlichkeitsaxiom* der Mengenlehre. Es erlaubt, wenn nur ein aufzählendes Verfahren da ist, abstrakt eine Abbildung $a : \mathbb{N} \to \mathbb{Q}$ anzunehmen, die alle Folgenglieder a_n, in unserem Beispiel bezeichnet durch 1; 1,4; 1,41; 1,414; …, umfasst. Die Mengenlehre sagt allein: Es *gibt* dieses $a : \mathbb{N} \to \mathbb{Q}$. Sie sagt aber nicht, wie a aussieht. – Wie abstrakt das ist, wie weit entfernt von der Praxis der wenigen Näherungsberechnungen, die Schüler selbst ausführen, zeigt unser Beispiel $\sqrt{2} = 1,414213\ldots$.

Es wird noch einmal problematischer.

Von den „harmlosen" unendlichen nichtperiodischen Dezimalbrüchen wie $\sqrt{2} = 1,41421\ldots$ gibt es abzählbar unendlich viele. Die Überabzählbarkeit der reellen Zahlen machen die anderen, die „*schweren* Fälle" aus, für die es kein Verfahren gibt, die Ziffern aufzuzählen. Eine Abbildung $a : \mathbb{N} \to \mathbb{Q}$ ist nicht zu erkennen. Dies ist die wahre Bedeutung von „nichtperiodisch": „Pünktchen … gibt es nicht". Unsere Vorstellung von „Dezimalbruch" ist gänzlich aufgehoben.

Es ist mathematisch, *mengentheoretisch,* wieder anders. Es geht um Teilmengen natürlicher Zahlen. Die überabzählbare Menge der Teilmengen natürlicher Zahlen sichert das *Potenzmengenaxiom* der Mengenlehre: Man nehme eine Teilmenge $A \subseteq \mathbb{N}$ und denke nacheinander 1 für jedes $n \in \mathbb{N}$ mit $n \in A$, sonst 0. So entspricht A eine Folge von Dualziffern, die als Nachkommastellen nach 0 eine Folge rationaler Zahlen bestimmen. Die Folge ist endlich oder konvergiert in $\mathbb{R}$ – *vorausgesetzt* $\mathbb{R}$ ist da. $\mathbb{R}$ aber als die überabzählbare Menge aller Zahlen einzuführen oder vorzustellen, die durch endliche, unendlich periodische und – unbegreifliche – unendlich-nichtperiodische Dezimalbrüche bezeichnet werden, ist im Unterricht nicht verantwortbar.

Könnte man über das Problem der unendlichen nichtperiodischen Dezimalzahlen im Unterricht sprechen, wie P. Lorenzen es oben anmahnt? Wir glauben dies nicht. Das Problem liegt zu tief im mathematischen Untergrund.

5.4   Die Situation beim Einstieg in die Analysis

Wir haben gesehen, dass die Grenzwerte dann, wenn sie in der Analysis als „Limites" explizit werden, schon eine lange Geschichte haben, deren Probleme vielleicht nicht gesehen, nicht ausgesprochen oder unterdrückt werden. Sie werden mit Vorstellungen und Worten versehen, die nicht geklärt sind und partiell im Unterricht auch nicht geklärt werden können. Sie bleiben, wenn sie nicht ganz verfehlt sind, im Ungefähren und Anschaulichen.

Man nähert und strebt Werte an und appelliert an die Unendlichkeit, die potentiell ist. Mit Taschenrechnern und dynamischer Software zielt man finit in genau diese potentielle Richtung. Man greift auf ungeklärte und unbegreifliche unendliche Dezimalbrüche zurück, die potentiell unendliche Bezeichnungen sind und denen zudem das Bezeichnete fehlt. Denn die Grenzwerte der zugehörigen Folgen gibt es noch nicht. Verdeckt wird das durch die reelle Zahlengerade, die für real und anschaulich gehalten wird und angeblich liefert, was man braucht. Wenn es um unendliche Dezimalbrüche oder um Konvergenz etwa bei den Intervallschachtelungen geht, sind die Grenzwerte irgendwie schon immer da. Denn Punkte sind Zahlen und Zahlen Punkte.

5.4.1 Folgen und Grenzwerte

Die Basis, um in die Analysis einzusteigen, ist unsicher und im Grunde nicht da. Jetzt müsste der Limes und die Schreibweise $\lim\limits_{n\to\infty} x_n$ für Folgen eingeführt werden. Stattdessen wird im Einstieg in die Analysis die Geschichte ungeklärter Vorstellungen und Begriffe fortgesetzt. Man weicht dem mathematischen Grenzwertbegriff aus und kapituliert. Die Kapitulation ist der sogenannte „propädeutische Grenzwertbegriff", auf den man sich geeinigt hat. Was dieser ist, ist unklar und beliebig. Das zeigen die fehlenden oder vagen Vorgaben in den Lehrplänen, die im Kap. 5 der Handreichung (2021) zusammengestellt sind. Wieder zieht man sich zurück auf Vorstellungen des Näherns und Strebens. Der propädeutische Grenzwertbegriff ist kein Begriff.

Wenn es um reelle Folgen (a_n) geht, wäre die präzise Definition (vgl. Abschn. 2.1.3):

$a \in \mathbb{R}$ heißt Grenzwert oder Limes der Folge (a_n), wenn gilt:

$$\forall \varepsilon > 0 \, \exists N \in \mathbb{N} \, \forall n \in \mathbb{N} \, (n > N \Rightarrow |a_n - a| < \varepsilon).$$

Man schreibt: $\lim\limits_{n\to\infty} a_n = a$.

Dies ist die Definition, die hinter all den Folgen steht, deren Probleme wir in den Punkten oben diskutiert haben. Es ist von vornherein klar, dass man eine solche Definition im Unterricht kaum erreichen kann. Man umschreibt sie in diverser Weise, ohne aber zum Begriff zu kommen.

Auf unsicherer Basis individueller Vorstellungen baut man dann einen Formalismus für den Limes auf. Das Problem unsicherer, unklarer Grenzwertvorstellungen verdoppelt sich quasi, wenn Grenzwerte von Folgen kombiniert werden müssen. Es ist unklar, wie man etwa

$$\lim_{n\to\infty} a_n \cdot b_n = \lim_{n\to\infty} a_n \cdot \lim_{n\to\infty} b_n$$

oder, wenn $\lim\limits_{n \to \infty} b_n \neq 0$ ist,

$$\lim_{n \to \infty} \frac{a_n}{b_n} = \frac{\lim\limits_{n \to \infty} a_n}{\lim\limits_{n \to \infty} b_n}$$

propädeutisch begründet. Wirkliche Beweise brauchen aufwendige Umformungen und kunstvolle ε-N-Abschätzungen. Wir führen das hier nicht aus und verweisen auf einführende Lehrbücher (z. B. Behrends 2003, S. 116 f.).

Wir blicken kurz nach *Nonstandard*. Dort gibt es das Problem nicht, weil es die hyperreelle Arithmetik gibt. Nach Definition der Multiplikation ist

$$\overline{(a_n)} \cdot \overline{(b_n)} = \overline{(a_n \cdot b_n)}.$$

Die Multiplikation der Standardteile auf der linken Seite entspricht dem Produkt $\lim\limits_{n \to \infty} a_n \cdot \lim\limits_{n \to \infty} b_n$, der Standardteil der rechten Seite ist der $\lim\limits_{n \to \infty} a_n \cdot b_n$. Und ist $\overline{b_n} \neq 0$, dann ist

$$\frac{\overline{(a_n)}}{\overline{(b_n)}} = \overline{(a_n)} \cdot \frac{1}{\overline{(b_n)}} = \overline{\left(\frac{a_n}{b_n}\right)}.$$

Es ist klar: Das Rechnen und Argumentieren mit dem Zeichen „$\lim\limits_{n \to \infty}$" im Standardzugang zur Analysis wird zum Formalismus, der ohne Fundament ist. $\lim\limits_{n \to \infty}$ bleibt ein Zeichen, dessen Bezeichnetes nicht begriffen ist, da der Begriff fehlt. Wir können nicht sehen, wie man dem im Standardzugang entgehen kann – wenn man nicht auf den Nonstandardeinstieg zurückgreift, dessen Basis eine elementare Arithmetik ist.

5.4.2 Funktionen und Grenzwerte

Neu hinzu kommen im Einstieg in die Analysis die Grenzwerte von Funktionswerten. Wenn es etwa um die Stetigkeit von Funktionen geht (s. Punkt 2.3.1), gibt es zwei Definitionen, die beide im Unterricht kaum erreichbar sind:

(a) $a \in \mathbb{R}$ ist der Grenzwert von $f : D \to \mathbb{R}$ an der Stelle $x_0 \in D$, wenn gilt:

$$\forall \varepsilon > 0 \, \exists \delta > 0 \, \forall x \, (|x - x_0| < \delta \Rightarrow |f(x) - a| < \varepsilon).$$

Kurz: $\lim\limits_{x \to x_0} f(x) = a$

(b) $a \in \mathbb{R}$ ist der Grenzwert von $f : D \to \mathbb{R}$ an der Stelle $x_0 \in D$, wenn für alle Folgen (x_n) gilt:

$$\lim_{n \to \infty} x_n = x_0 \Rightarrow \lim_{n \to \infty} f(x_n) = a.$$

Man schreibt: $\lim\limits_{x_n \to x_0} f(x_n) = a$ für alle (x_n).

Über den Zusammenhang beider Definitionen äußern wir uns kurz im Kap. 9. Wir bemerken hier nur, dass von den Vorstellungen her, die den Definitionen zugrunde liegen, beide Versionen sehr verschieden sind. In der ersten Version denkt man an ein stetiges „Fließen" von x-Werten, mit denen auch die Funktionswerte „fließen". Beim Folgengrenzwert (b) ist es die Vorstellung der Näherung, die diskret über Folgenglieder x_n geschieht. Die Unterschiedlichkeit kommt mathematisch darin zum Ausdruck, dass beide Versionen nur dann äquivalent sind, wenn das Auswahlaxiom vorausgesetzt ist.

Der „Folgengrenzwert" (b) ist im Unterricht kaum erreichbar, wohl weniger erreichbar als der Grenzwertbegriff für Folgen. Einzelne Folgen werden im Unterricht – in wenigen Beispielen – vielleicht zum Testen der Stetigkeit eingesetzt. Eine zusätzliche Herausforderung ist hier, dass Grenzprozesse kombiniert werden, die der x_n und der $f(x_n)$, mit dem Ziel einer Kombination unsicherer Vorstellungen von Grenzwerten.

Neu im Aufbau des Unterrichts ist die Definition (a), die im Unterricht auf „fließende" $x \rightarrow x_0$ und „fließende" $f(x)$ gegen $f(x_0)$ baut. Auch die Vorstellung des Fließen bleibt unbestimmt im Anschaulichen, da die ε-δ-Formulierung so wenig erreichbar ist wie die ε-N-Formulierung. Der Zeichenkombination „$\lim_{x \to x_0} f(x)$" fehlt zumeist die begriffliche Basis. Sie bleibt notwendig formal.

Der Begriff des Grenzwertes im Zusammenhang mit Funktionen hat, wenn man ihn nicht über Folgen von Argumenten als „Folgengrenzwert" formuliert, eine ähnliche methodische Problematik wie die Grenzwerte von Folgen. Wie bei Grenzwerten von Folgen der Prozess des Näherns muss hier die Vorstellung des Fließens in eine statisch-logische Formulierung gebracht werden.

Auf der Basis von Vorstellungen, denen ohne wirkliche Begriffsbildung Zeichen zugeordnet werden, werden die Begriffe Ableitung und Integral eingeführt. Wir haben die Idee der Bildung der Ableitung in 2.4.2 geschildert. Die Herausforderung durch die fehlende begriffliche Basis wird bei der Ableitung dadurch gesteigert, dass parallel Δx und Δy beide gegen 0 fließen. Das erwartete, oft durch dynamische Software suggerierte, Ergebnis ist ein endlicher Zahlenwert. Die Sekantendreiecke, an die Δx und Δy anschaulich anknüpfen, gehen im unendlichen Prozess verloren. Beim Integral findet eine Kombination von voneinander abhängigen Grenzprozessen statt, die Summenfolgen von Flächeninhalten bilden und in einer summenlosen Fläche „enden". Beides sind bemerkenswerte Erscheinungen, die kognitiv herausfordernd sind, aber nicht präzise geklärt werden können. Sie bleiben Erscheinungen.

Wir müssen nicht weiter ins Einzelne gehen. Wir haben die Ideen und Vorstellungen hinter Ableitung und Integral in den Abschn. 2.4 und 2.5 detailliert geschildert. Im Rückblick (Kap. 12) stellen wir die Standard- und Nonstandardvorstellungen nebeneinander und vergleichen sie. Wesentlich ist, dass beim Standardeinstieg in die Analysis die grundlegenden Begriffe verbreitet – und wie wir meinen: notwendig – fehlen und die Anfänge der Analysis in einem abstrakten Formalismus münden, der nicht nachhaltig sein kann. Ausgebildet werden, da das Fundament fehlt, wohl symbolische *Fertigkeiten* im Umgang mit den Limites. *Fähigkeiten*, die weiter tragen, können sich kaum entwickeln.

5.5 Zusammenfassung

Wir haben es gesagt und ausführlich gesehen: Die Schwierigkeiten mit dem Grenzwertbegriff im Analysisunterricht sind unausweichlich. Der Weg von den anschaulichen Prozessen zur mengentheoretisch-logischen, statischen Limes-Definition ist in der Regel zu weit. Der Einsatz dynamischer Software hilft nicht weiter. Sie verfestigt vielmehr die Prozessvorstellungen, die einer Grenzwertdefinition entgegenstehen. Was bleibt ist eine unsichere Grundlage von individuellen Vorstellungen und vagen Formulierungen, über der ein Grenzwertformalismus entsteht, der notwendig abstrakt bleibt.

Wir sehen als mögliche Lösung die Hilfe an, die der Nonstandardeinstieg in diesem Bereich bietet. Die Grenzprozesse münden dort nach einer ersten Heuristik in eine elementare Arithmetik, die eine klare Grundlage für die weiteren Begriffsbildungen anbietet. Im Abschn. 2.2 ist sie entwickelt, im Abschn. 3.3 axiomatisch beschrieben. Beides kann im Unterricht weitgehend mit den Lernenden erarbeitet werden. Das zeigen die Abschn. 2.1, 2.2, 2.3 und 3.1 in der Handreichung (2021).

Die reellen Zahlen sind die Grundlage für Standard wie für Nonstandard. Was über das Vorfeld der Analysis gesagt und kritisiert worden ist, gilt für beide Einstiege in die Analysis. Was hier zu tun ist, ist ein ganz eigenes, großes Thema. Sicher ist, dass das, was sich an Gewohnheiten und unzulässigen Kunstgriffen eingebürgert hat, einer Mathematik im Mathematikunterricht nicht angemessen ist. Wir meinen, es ist nicht zumutbar.

Auch hier, wie beim Grenzwertbegriff, ist die Mathematik die eigentliche Ursache für die methodischen Probleme: Die Mathematik der reellen Zahlen ist im Unterricht schwer, vielleicht aber im Ansatz erreichbar. Die Ursache überall ist die aktuale Unendlichkeit, die uns allen so geläufig, für Schülerinnen und Schüler aber eine Herausforderung ist. Wir meinen, es ist eine Überforderung, unendliche Prozesse und unendliche Folgen, die potentiell unendlich sind, als aktual unendlich, als fertig aufzufassen. Wir zitieren D. Hilbert:

> „[…] das Unendliche findet sich nirgends realisiert; es ist weder in der Natur vorhanden, noch als Grundlage in unserem *verstandesmäßigen Denken* zulässig […]."

Woran anders aber können wir appellieren als an den Verstand? Ihn und die Vernunft, das Vermögen der Ideen, setzen wir in Kraft, wenn wir *mit den Lernenden* in die *Theorie* der reellen Zahlen einsteigen.

▶ Was nicht verantwortbar ist, ist, den Schülern den Schritt in die Theorie vorzuenthalten.

Das haben wir kritisiert und müssen wir kritisieren. Wir planen eine Handreichung zur Einführung der reellen Zahlen im Unterricht.

Unendlichkeitslupe und infinite Vergrößerung

Karl Kuhlemann

Die unendlichfache (infinite) Vergrößerung ist ein leistungsfähiges und mathematisch legitimes Instrument zur Veranschaulichung von Methoden der Infinitesimalrechnung, das im Schulunterricht gewinnbringend eingesetzt werden kann. Für die wichtige Klasse der stetig differenzierbaren Kurven (insbesondere also für Graphen stetig differenzierbarer Funktionen) führt die durch infinite Vergrößerung mögliche geometrisch-anschauliche Argumentation zu korrekten Ergebnissen.

6.1   Motivation

Die Pioniere der Analysis im 17. und 18. Jahrhundert rechneten mit infinitesimalen (also unendlich kleinen) Größen und kamen damit, trotz mancher Vorbehalte ihrer Zeitgenossen, zu weitreichenden Ergebnissen. Bis weit ins 19. Jahrhundert gehörten Infinitesimalien zum selbstverständlichen Handwerkszeug der Analysis, bis sie nach Erfindung der reellen Zahlen und der „Weierstraßschen Epsilontik" entbehrlich wurden.

▶   Wir können heute auf einer mathematisch gesicherten Grundlage – der modernen Nichtstandardanalysis – auch wieder infinitesimal rechnen und uns das Potential dieses *ursprünglichen* Weges der Analysis erschließen.

Allerdings haben infinitesimale Größen in Bezug auf die Anschauung einen Nachteil. Wegen ihrer unendlichen Kleinheit können wir sie unmittelbar weder sehen noch zeichnen. Man müsste sie unendlichfach vergößern, um sie sichtbar zu machen. Ist

K. Kuhlemann (✉)
Hannover, Deutschland
E-mail: kus.kuhlemann@t-online.de

© Der/die Autor(en), exklusiv lizenziert durch Springer-Verlag GmbH, DE, ein Teil von Springer Nature 2022
T. Bedürftig et al. (Hrsg.), *Über die Elemente der Analysis – Standard und Nonstandard*, https://doi.org/10.1007/978-3-662-64789-9_6

so etwas sinnvoll möglich? Ja, denn in der Nichtstandardanalysis sind unendlich Großes und unendlich Kleines Elemente eines angeordneten Körpers, also Zahlen, mit denen man ganz normal rechnen kann. Dies ermöglicht eine unendlichfache (infinite) Vergrößerung geometrischer Sachverhalte. Kurven werden „gerade" und fallen lokal mit Tangenten und Sehnen zusammen. Daraus ergibt sich die Möglichkeit einer *geometrischen Beweisführung.*

Schon Leibniz hat dies gesehen. In seinem (damals unveröffentlichten) Werk *De quadratura* von 1672 lesen wir

> …sie [die Leser] werden aber bemerken, was für ein großes Feld des Entdeckens offen steht, sobald sie dieses Eine richtig begriffen haben, dass jede krummlinige Figur nichts anderes als ein Polygon mit unendlich vielen, der Größe nach unendlich kleinen Seiten ist (Leibniz 2016, Seite 131).

Das Zitat lädt geradezu dazu ein, in Gedanken unendlich stark in die Kurve hineinzuzoomen, um zu „sehen", was im unendlich Kleinen passiert. In der Standardanalysis ist das in Ermangelung unendlich großer Zahlen nicht möglich.

Doch wie hat man sich ein Polygon mit der Größe nach unendlich kleinen Seiten vorzustellen? Hat eine Kurve unendlich viele „Knickstellen", an denen die geraden Seiten zusammenstoßen? Oder sind die Seiten nicht wirklich gerade, sondern nur unendlich schwach gekrümmt? Sind Kurve und Polygon wirklich identisch oder unterscheiden sie sich nur unendlich wenig?

Solche Fragen lassen sich in der Nichtstandardanalysis präzise stellen und beantworten, wodurch ein aus der Leibnizschen Idee abgeleitetes Instrument der Veranschaulichung innerhalb der Analysis eine befriedigende Rechtfertigung erhält. Um dieses Instrument, die *Technik der infiniten Vergrößerung,* um seine *mathematische Rechtfertigung* und seine *Grenzen* geht es im vorliegenden Text.

6.2   Vergrößerung als didaktisches Instrument in der Analysis

Die Technik des Vergrößerns, das Hineinzoomen in Funktionsgraphen, wird auch in der Standardanalysis als didaktisches Instrument eingesetzt. Arnold Kirsch hat 1979 ein *Funktionenmikroskop* mittels OHP-Folien realisiert „zur Vermittlung einer Grundvorstellung vom Ableitungsbegriff" (Kirsch 1979). Inzwischen gibt es interaktive Realisierungen für den Computer, zum Beispiel die *Funktionenlupe* von Elschenbroich (Elschenbroich et. al. 2014; Elschenbroich 2015). Der vergrößerte Funktionsgraph wird dort in einem zweiten Fenster angezeigt, wobei der Vergößerungsfaktor dynamisch über einen Schieberegler verändert werden kann. Optional können Sekanten und Steigungsdreiecke eingeblendet werden.

Was unterscheidet die Funktionenlupe bzw. das Funktionenmikroskop der Standardanalysis von der Technik einer infiniten Vergrößerung in der Nichtstandardanalysis? Die äußerlich ähnlichen Ideen basieren auf grundsätzlich verschiedenen Konzepten. Das Funktionenmikroskop ist eine Visualisierung des Beginns eines nicht endenden Prozesses, einer prinzipiell beliebig fortschreitenden, potentiell unendlichen Vergrößerung. Die infinite Vergrößerung ist eine Visualisierung infinitesimaler Verhältnisse und damit einer statischen arithmetischen Situation des Infinitesimalkalküls.

Grenzprozesse sind naturgemäß nie beendet, sie können arithmetisch nicht vollzogen werden und erreichen ihren Grenzwert (im Allgemeinen) nie. Gerade dieser Umstand macht den Grenzwertbegriff für Schüler so schwer fassbar.[1] Diese Schwierigkeit bleibt auch beim Kirsch'schen Funktionenmikroskop prinzipiell bestehen.

In der Nichtstandardanalysis ist das Unendliche kein offener Prozess, sondern ein arithmetisches Objekt. Man rechnet mit unendlich kleinen (infinitesimalen) und unendlich großen (infiniten) Zahlen wie mit gewöhnlichen, endlichen Zahlen. Der zu Grunde gelegte Rechenbereich ist der angeordnete Körper $^*\mathbb{R}$ der hyperreellen Zahlen, der infinite und infinitesimale Zahlen enthält.

▶ Also können infinite Zahlen als Streckfaktoren und damit zur Veranschaulichung geometrischer Verhältnisse im unendlich Kleinen verwendet werden.

Bereits Schmieden und Laugwitz führen die Idee einer unendlichfachen Vergrößerung ein, um infinitesimale Schwankungen von Nichtstandardfunktionen oder das Verhalten von Potenzreihen in infinitesimaler Umgebung ihrer Konvergenzgrenze zu analysieren. Die Vergrößerung findet hier rein formelhaft auf der x-Achse statt, zum Beispiel, indem Werte der Form $x = 1 - \frac{\xi}{\Omega}$ (Ω hypernatürlich[2]) verwendet werden, um zu zeigen, dass die Nichtstandardfunktion x^Ω für $x \simeq 1$ bei passender infiniter Vergrößerung „wie eine Exponentialfunktion" wächst (siehe Schmieden und Laugwitz 1958).

Keisler greift die Idee in Gestalt eines unendlichfach vergrößernden *Mikroskops* auf, um die Methoden der Nichtstandardanalysis für Standardfunktionen zu veranschaulichen. In seinem *Elementary Calculus* (Keisler 2000) findet man zahlreiche Abbildungen zur Differentiation und Integration, die infinitesimale Ausschnitte von Funktionsgraphen unter unendlichfacher Vergrößerung zeigen.

Die elementaren Einführungen (Wunderling 2007) und (Baumann und Kirski 2019) sowie der Zeitschriftenartikel (Wunderling 1997) richten sich in erster Linie an Lehrkräfte und werben für den Einsatz von Nichtstandardmethoden im Mathematikunterricht. Unter der Bezeichnung *Unendlichkeitsbrille* wird dort die Technik der infiniten Vergrößerung vielfach benutzt, unter anderem um geometrische Beweise zu führen, zum Beispiel bei der Ableitung der Sinusfunktion (siehe Abb. 6.1). Unter infiniter Vergrößerung erscheint der Kreis gerade. Die Tangente in P, die Sehne PQ und der Kreisbogen sind zeichnerisch nicht mehr zu unterscheiden. Die infinite Vergrößerung suggeriert $\frac{dy}{dx} = \cos x$, also die korrekte Ableitung der Sinusfunktion.

---

[1] Siehe z. B. (Bedürftig 2018).

[2] „Hypernatürlich" ist analog zu „hyperreell" gebildet. Hypernatürliche Zahlen sind unendlich große natürliche Zahlen, Kehrwerte spezieller unendlich kleiner Zahlen. Im Punkt 4.3.1 werden sie konstruiert.

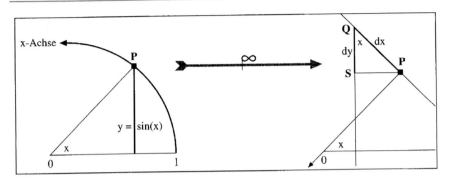

Abb. 6.1 Zur Ableitung der Sinusfunktion. (Quelle: Wunderling 1997)

Kann man einen so einfachen und anschaulichen Beweis gelten lassen? Ein Zweifler könnte einwenden: Wenn man die Theorie der Kurven ins Hyperreelle überträgt, dann ist der infinitesimale Kreisbogen mit dx ein wenig länger als die infinitesimale Sehne PQ, und der Winkel bei Q ist ein wenig größer als x. Für den in Abb. 6.1 dargestellten Fall wird daher in (Wunderling 2007) gezeigt, dass $\frac{dy}{dx}$ und $\cos x$ sich dennoch nur infinitesimal unterscheiden (geschrieben: $\frac{dy}{dx} \simeq \cos x$), was gerade bedeutet, dass die reelle Zahl $\cos x$ die gesuchte Ableitung des Sinus an der reellen Stelle x ist.

Kurve, Tangente und Sehne sind also in einer infinitesimalen Umgebung eines Kurvenpunktes im Allgemeinen verschieden, aber sie unterscheiden sich bei hinreichend gutartigen Kurven vernachlässigbar wenig. Dabei geht es um Richtung und Länge: Der Winkel zwischen Tangente und Sehne in einem Kurvenpunkt ist infinitesimal und der Längenunterschied zwischen Sehne und dem entsprechenden Kurvenstück ist sogar relativ zum infintesimalen Parameterintervall infinitesimal (das heißt, wenn man die Längendifferenz durch die infinitesimale Länge des Parameterintervalls dividiert, ist das Ergebnis immer noch infinitesimal). Der Winkel zwischen zwei benachbarten Sehnen ist bis auf eine infinitesimale Abweichung der gestreckte Winkel.

Im Folgenden wird genauer dargelegt, dass dies für alle stetig differenzierbaren Standardkurven (das sind hyperreelle Fortsetzungen reeller Kurven) der Fall ist (Satz 6.1). Für die Existenz der Tangente muss noch die Regularität der Kurve vorausgesetzt werden, was anschaulich bedeutet, dass die Kurve keine „Knicke" hat. Bei Graphen stetig differenzierbarer Funktionen ist diese Bedingung immer erfüllt.

Für solche Kurven gibt also die infinite Vergrößerung die geometrischen Sachverhalte im Wesentlichen korrekt wieder. Das heißt: Nur für die reelle Analysis vernachlässigbare Unterschiede werden unterdrückt. Was im Beispiel aus Abb. 6.1 zunächst wie eine anschaulicher „Trick" anmutet, ist also in einem sehr allgemeinen Rahmen gerechtfertigt.

Damit ist die infinite Vergrößerung ein legitimes didaktisches Hilfsmittel für die Nichtstandardanalysis, so wie es die potentiell beliebig gesteigerte endliche Vergrößerung für die Standardanalysis ist (dort allerdings mit dem Problem der prinzipiellen Nichtvollendbarkeit des Vergrößerungsprozesses).

▶   Die infinite Vergrößerung kann als sinnvolle Ergänzung zur endlichen
    Vergrößerung angesehen werden.

Während die gesteigerte endliche Vergrößerung zeigt, in welcher Weise sich das Bild
verändert (der Funktionsgraph wird „praktisch" gerade), zeigt die infinite Vergrößerung eine Situation, die auch in der *Theorie* genügt.

6.3   Mathematischer Hintergrund

Jede reelle Kurve $f : [a, b] \rightarrow \mathbb{R}^n$ lässt sich kanonisch fortsetzen zu einer hyperreellen Kurve $f : [a, b] \rightarrow {}^*\mathbb{R}^n$. Solche Kurven heißen *Standardkurven*. Zur Vereinfachung wird die Fortsetzung der reellen Kurve f wieder mit f bezeichnet. $[a, b]$
bezeichnet dann je nach Zusammenhang entweder das reelle oder das hyperreelle
Intervall von a bis b.

Eine streng monoton wachsende hyperendliche Folge $(t_\iota)_{0 \leq \iota \leq \kappa}$ mit $t_0 = a, t_\kappa = b$
und $t_\iota - t_{\iota-1} \simeq 0$, für $1 \leq \iota \leq \kappa$, heißt eine *infinitesimale Zerlegung* von $[a, b]$.

Satz 6.1 Sei $f : [a, b] \rightarrow \mathbb{R}^n$ eine stetig differenzierbare Kurve der Länge L (mit
der kanonischen Fortsetzung $f : [a, b] \rightarrow {}^*\mathbb{R}^n$) und $(t_\iota)_{0 \leq \iota \leq \kappa}$ eine infinitesimale
Zerlegung von $[a, b]$. Dann gilt

1. Das Kurvenstück und die Sehne zwischen zwei benachbarten Stützpunkten $t_{\iota-1}$,
   t_ι unterscheiden sich in der Länge nur infinitesimal relativ zum (bereits infinitesimalen) Parameterintervall (Abb. 6.2).

$$\int_{t_{\iota-1}}^{t_\iota} \|f'(t)\| \, dt - \|f(t_\iota) - f(t_{\iota-1})\| = \tau_\iota \cdot (t_\iota - t_{\iota-1}) \tag{6.1}$$

   mit $0 \leq \tau_\iota \simeq 0$ für $\iota = 1, \ldots, \kappa$.

2. Die Länge der Kurve unterscheidet sich nur infinitesimal von der Länge des
   Polygonzugs.

$$L \simeq \sum_{\iota=1}^{\kappa} \|f(t_\iota) - f(t_{\iota-1})\| \tag{6.2}$$

3. Ist f regulär (also $\|f'(t)\| \neq 0$, für alle $t \in [a, b]$), so gilt darüber hinaus:
   (a) Der Winkel zwischen Tangente und Sehne in den Stützpunkten des Polygon-
       zugs ist infinitesimal.

$$\angle(f'(t_{\iota-1}), f(t_\iota) - f(t_{\iota-1})) \simeq 0, \text{ für } \iota = 1, \ldots, \kappa. \tag{6.3}$$

   (b) Der Winkel in den Stützpunkten zwischen zwei benachbarten Sehnen des
       Polygonzugs weicht nur infinitesimal vom gestreckten Winkel ab.

$$\angle(f(t_{\iota-1} - f(t_\iota)), f(t_{\iota+1}) - f(t_\iota)) \simeq \pi, \text{ für } \iota = 1, \ldots, \kappa - 1. \tag{6.4}$$

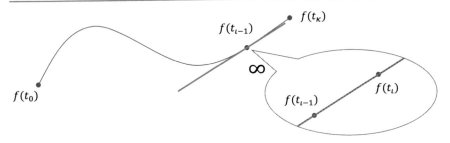

Abb. 6.2 Kurve, Sehne und Tangente unter infiniter Vergößerung

Beweis Siehe (Kuhlemann 2018a)

Satz 6.1 bestätigt Leibniz' Vorstellung einer Kurve als Polygonzug mit infinite-simalen Seiten für stetig differenzierbare Standardkurven. Kurve und Polygonzug unterscheiden sich zwar, aber der Unterschied ist für die reelle Analysis unerheblich.

Zugleich rechtfertigt Satz 6.1 für stetig differenzierbare reelle Kurven die Tech-nik der infiniten Vergrößerung, wie sie in (Wunderling 1997), (Wunderling 2007) und (Baumann und Kirski 2019) zur Veranschaulichung infinitesimaler Verhältnisse verwendet wird.

Bei einem Nichtstandard-Einstieg in die Analysis kann die Länge einer Kurve – ganz im Geiste der Leibnizschen Vorstellung – als Standardteil einer hyperendlichen Summe, der Länge eines Polygonzugs mit infinitesimalen Seiten, eingeführt werden.

Eine reelle Kurve $f : [a, b] \rightarrow \mathbb{R}^n$ ist *rektifizierbar* und hat die Länge L, wenn für die kanonische Fortsetzung von f und für jede infinitesimale Zerlegung $a = t_0 < t_1 < \cdots < t_{\kappa-1} < t_\kappa = b$ der Standardteil von $\sum_{i=1}^{\kappa} \|f(t_i) - f(t_{i-1})\|$ existiert und gleich L ist.

In diesem Kapitel ist die Längenformel (6.2) für stetig differenzierbare reelle Kurven eher ein Nebenergebnis, denn im Vordergrund steht die Rechtfertigung der infiniten Vergrößerungstechnik, also der „Beobachtung" eines infinitesimalen Bild-ausschnitts und damit der Vergleich von infinitesimalen Kurvenstücken und Sehnen bezüglich Länge und Winkel. Daher muss die allgemeinere Längendefinition (Inte-graldarstellung) für interne hyperreelle Kurven herangezogen werden, auch wenn in Satz 6.1 nur Standardkurven (also kanonische Fortsetzungen reeller Kurven) betrach-tet werden.

6.4   Die Grenzen der Vergrößerungstechnik

Dass die infinite Vergrößerung sehr wohl täuschen kann, wenn die Kurve differenzier-bar, aber nicht stetig differenzierbar ist, zeigt das folgende Beispiel. Die betrachtete Kurve sei der Graph der Funktion $f : \mathbb{R} \rightarrow \mathbb{R}$ mit

$$f(x) = \begin{cases} x^2 \sin \frac{\pi}{x} & \text{für } x \neq 0, \\ 0 & \text{für } x = 0. \end{cases}$$

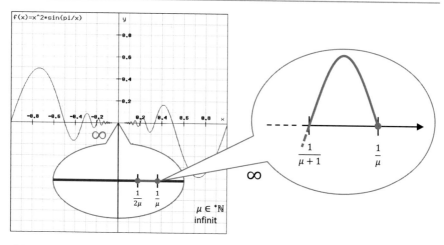

Abb. 6.3 Der Funktionsgraph von f in einem infinitesimalen Intervall um 0

f ist auf ganz $\mathbb{R}$ differenzierbar, aber f' ist in 0 nicht stetig. Für $x \neq 0$ ist $f'(x) = 2x \sin \frac{\pi}{x} - \pi \cos \frac{\pi}{x}$ und an der Stelle 0 gilt

$$f'(0) = \lim_{h \to 0} \frac{f(h) - f(0)}{h} = \lim_{h \to 0} \left(h \sin \frac{\pi}{h} \right) = 0.$$

Damit ist auch die Kurve $x \mapsto (x, f(x))$ in $(0, 0)$ nicht stetig differenzierbar.

f hat die Nullstellen $\frac{1}{n}$ für $n \in \mathbb{N}$ und jeweils zwischen $\frac{1}{n+1}$ und $\frac{1}{n}$ ein lokales Minimum bzw. Maximum, dessen Betrag zwischen $\frac{1}{(n+1)^2}$ und $\frac{1}{n^2}$ liegt.

Eine Abschätzung[3] für das Intervall von $\frac{1}{2m}$ bis $\frac{1}{m}$ zeigt: Der relative Längenüberschuss des Graphen gegenüber dem Intervall der Länge $\frac{1}{2m}$ ist $\geq 1 - \frac{2}{m+1}$.

Alle Überlegungen übertragen sich auf die hyperreelle Fortsetzung von f. Bei unendlichfacher Vergrößerung mit dem hypernatürlichen Faktor μ an der Stelle 0 sind der Funktionsgraph und die x-Achse (als Tangente) nicht zu unterscheiden (siehe Abb. 6.3). Die Ausschläge des Graphen sind von der Größenordnung x^2 und verschwinden in der Darstellung. Der relative Längenüberschuss des Graphen gegenüber dem Intervall ist aber $\geq 1 - \frac{2}{\mu+1}$ und damit nicht infinitesimal.

Die Nullstellen sind unendlich gedrängt und in der Darstellung nicht zu unterscheiden, denn der Abstand zwischen $\frac{1}{\mu+1}$ und $\frac{1}{\mu}$ ist infinitesimal relativ zu $\frac{1}{\mu}$.

Auch der Winkel zwischen x-Achse und Funktionsgraph ist im Allgemeinen nicht infinitesimal, sondern schwankt mit $f'(x) = 2x \sin \frac{\pi}{x} - \pi \cos \frac{\pi}{x}$ zwischen nicht infinitesimalen positiven und negativen Werten. In einer infinitesimalen Umgebung von 0 unterscheiden sich also die Kurventangenten erheblich, obwohl bei infiniter Vergrößerung zeichnerisch kein Unterschied zwischen Kurve und x-Achse auszumachen ist.

---

[3]Details siehe (Kuhlemann 2018a).

6.5   Ergänzungen zur Integralrechnung

Die bisherigen Untersuchungen richteten sich vornehmlich auf den Einsatz der infiniten Vergrößerung bei der Differentialrechnung. Dementsprechend ging es um Längen und Winkel. Die infinite Vergrößerung ist aber auch bei der Integralrechnung einsetzbar. Dort spielt der Vergleich von Flächen eine wesentliche Rolle, und die betrachteten Funktionen sind zwar in der Regel noch stetig, aber nicht mehr unbedingt differenzierbar.

In der Nichtstandardanalysis wird das bestimmte Integral $\int_a^b f(x)\,dx$ einer reellen Funktion (deren Definitionsbereich das reelle Intervall $[a, b]$ umfasst) als Standardteil einer Riemannschen Summe (zu einer infinitesimalen Zerlegung von $[a, b]$) definiert, anschaulich also als Standardteil einer Rechteckflächensumme mit infinitesimal breiten Rechtecken. f ist über $[a, b]$ integrierbar, wenn der Standardteil existiert und unabhängig von der Riemannschen Summe ist, also unabhängig von der infinitesimalen Zerlegung und von den gewählten Zwischenpunkten, an denen der Funktionswert (die Höhe der Rechteckstreifen) genommen wird.

Die Aussage von Satz 6.1 war im Wesentlichen, dass unter infiniter Vergrößerung die für die reelle Analysis vernachässigbaren Unterschiede unsichtbar werden. Kurve, Sehne und Tangente verschmelzen optisch zu einer einzigen Linie (wie in Abb. 6.2 dargestellt). Demgegenüber *sieht* man zwischen infinitesimal unterteilter Treppenfunktion und Funktionsgraph unter infiniter Vergrößerung im Allgemeinen einen deutlichen Unterschied. Bei integrierbaren Funktionen ist der Unterschied aber trotzdem unerheblich, das heißt, er wird durch den Übergang zum Standardteil „ausgebügelt". Dies ist insbesondere bei stetigen Funktionen der Fall. Stetige Funktionen sind integrierbar.

Sei $D \subseteq \mathbb{R}$ ein (eigentliches oder uneigentliches) Intervall mit mindestens zwei Punkten und $f : D \to \mathbb{R}$ stetig. Dann kann man die zugehörige Integralfunktion $I_{f,a} : D \to \mathbb{R}$ definieren durch

$$I_{f,a}(x) = \int_a^x f(t)\,dt.$$

In einer anschaulichen Argumentation ist $I_{f,a}$ die *Flächenfunktion*, die jedem $x \in D$ die orientierte Fläche unter dem Graphen von f von a bis x zuordnet. Diese Funktion hat eine hyperreelle Fortsetzung $I_{f,a} : {}^*D \to {}^*\mathbb{R}$, mit der man Integrale auch für hyperreelle Integralgrenzen $\alpha, \beta \in {}^*D$ definieren kann:

$$\int_\alpha^\beta f(x)\,dx := I_{f,a}(\beta) - I_{f,a}(\alpha)$$

Die üblichen Rechen- und Vergleichsregeln gelten aufgrund des Transferprinzips auch für diese hyperreell begrenzten Integrale, zum Beispiel:

$$f(x) \leq g(x), \text{ für } \alpha \leq x \leq \beta \quad \Rightarrow \quad \int_\alpha^\beta f(x)\,dx \leq \int_\alpha^\beta g(x)\,dx \qquad (6.5)$$

Nach einem allgemeinen Satz über stetige Funktionen gilt für alle $a, b \in D$ mit $a < b$, dass f auf $[a, b]$ beschränkt ist und einen minimalen und einen maximalen Wert annimmt. Nach dem Transferprinzip gilt daher für alle $\alpha, \beta \in {}^*D$ mit $\alpha < \beta$, dass f auf $[\alpha, \beta]$ beschränkt ist und einen minimalen und einen maximalen Wert annimmt.[4]

Der folgende Satz vergleicht die unter infiniter Vergrößerung sichtbaren Flächenunterschiede für eine stetige Funktion f über einem Intervall $[\alpha, \beta]$ der Länge $\delta := \beta - \alpha \simeq 0$, genauer, den Flächenunterschied zwischen der *Rechtecknäherung* $R(x) := f(x) \cdot \delta$ (für ein beliebiges $x \in [\alpha, \beta]$) bzw. der *Trapeznäherung* $T := \frac{1}{2}(f(\alpha) + f(\beta)) \cdot \delta$ und dem Integral $I := \int_\alpha^\beta f(x)\, dx$. Die Aussage des Satzes ist, dass der Unterschied jeweils infinitesimal relativ zu δ ist.

Satz 6.2 Seien $a, b \in \mathbb{R}$, $a < b$, sei $f : [a, b] \to \mathbb{R}$ stetig und $f : [a, b] \to {}^*\mathbb{R}$ die hyperreelle Fortsetzung von f. Seien weiterhin hyperreelle $\alpha, \beta \in [a, b]$ mit $\alpha < \beta$ und $\delta := \beta - \alpha \simeq 0$ gegeben und $R(x)$, T und I wie oben definiert. Dann gilt:

1. $\frac{R(x)-I}{\delta} \simeq 0$, für alle $x \in [\alpha, \beta]$,
2. $\frac{T-I}{\delta} \simeq 0$.

Beweis Zunächst überlegt man sich, dass für beliebige infinitesimal benachbarte Argumente auch ihre Funktionswerte infinitesimal benachbart sind (dies wird auch als *gleichmäßige Stetigkeit* bezeichnet): Für alle x mit $a \leq x \leq b$ folgt durch Übergang zum Standardteil (und weil a und b reell sind)

$$a = \text{st}(a) \leq \text{st}(x) \leq \text{st}(b) = b$$

Daher liegen für $x, x' \in [a, b]$ auch die jeweiligen Standardteile in $[a, b]$. Wenn $x \simeq x'$ ist, sind ihre Standardteile gleich. Da f stetig ist, folgt daraus

$$f(x) \simeq f(\text{st}(x)) = f(\text{st}(x')) \simeq f(x').$$

Daher gilt für alle $x, x' \in [a, b]$

$$x \simeq x' \Rightarrow f(x) \simeq f(x'). \tag{6.6}$$

Zu 1: f nehme auf $[\alpha, \beta]$ den minimalen Wert $\check{y}$ bei $\check{x}$ und den maximalen Wert $\hat{y}$ bei $\hat{x}$ an. Für alle $x \in [\alpha, \beta]$ gilt also

$$\check{y} \leq f(x) \leq \hat{y} \tag{6.7}$$

---

[4] Das Transferprinzip ist hier anwendbar, weil die Aussage in der Prädikatenlogik erster Stufe formulierbar ist (wenn die Sprache für alle reellen Funktionen und Mengen, allgemeiner für alle ein- oder mehrstelligen Relationen über $\mathbb{R}$, Konstanten enthält), wobei die Konstanten beim Transfer jeweils durch die hyperreellen Fortsetzungen zu interpretieren sind. Dass die Variablen a, b in α, β umbenannt wurden, soll verdeutlichen, dass der Laufbereich nun die hyperreellen Zahlen sind.

Wegen $\check{x} \simeq \hat{x}$ folgt mit (6.6) $\check{y} \simeq \hat{y}$, also $\varepsilon := \hat{y} - \check{y} \simeq 0$. Aus (6.5) und (6.7) folgt

$$\int_\alpha^\beta \check{y}\,dx \le \int_\alpha^\beta f(x)\,dx \le \int_\alpha^\beta \hat{y}\,dx$$

also

$$\check{y}\delta \le I \le \hat{y}\delta \tag{6.8}$$

Außerdem folgt aus (6.7) (durch Multipliktion mit δ)

$$\check{y}\delta \le R(x) \le \hat{y}\delta \tag{6.9}$$

für alle $x \in [\alpha, \beta]$. Nun ist einerseits

$$I - R(x) \overset{(6.8)}{\le} \hat{y}\delta - R(x) \overset{(6.9)}{\le} \hat{y}\delta - \check{y}\delta = \varepsilon\delta \tag{6.10}$$

und andererseits

$$R(x) - I \overset{(6.9)}{\le} \hat{y}\delta - I \overset{(6.8)}{\le} \hat{y}\delta - \check{y}\delta = \varepsilon\delta \tag{6.11}$$

insgesamt also

$$|R(x) - I| \le \varepsilon\delta. \tag{6.12}$$

Daraus folgt die Behauptung.

Zu 2: Falls $f(\alpha) \le f(\beta)$, ist

$$\check{y}\delta \le f(\alpha)\delta \le \frac{1}{2}(f(\alpha) + f(\beta))\delta \le f(\beta)\delta \le \hat{y}\delta$$

Falls $f(\beta) \le f(\alpha)$, schließt man analog mit vertauschten Rollen von α und β. In jedem Fall gilt also

$$\check{y}\delta \le T \le \hat{y}\delta \tag{6.13}$$

Mit T anstelle von $R(x)$ und (6.13) anstelle von (6.9) kann man jetzt analog zu (6.10) und (6.11) schließen und erhält

$$|T - I| \le \varepsilon\delta. \tag{6.14}$$

Daraus folgt die Behauptung.

Die Ungleichung (6.9) zeigt, dass sich die Abweichung einer Rechtecknäherung von der exakten Fläche in einen „infinitesimalen Kasten" der Breite δ und der Höhe ε einschließen lässt. Daher ist der Flächenunterschied auch relativ zur Rechteckfläche bei infinitesimaler Kastenbreite δ noch infinitesimal. Dies wird zum Beispiel beim Beweis des Hauptsatzes eingesetzt.

Betrachtet man die stetige Funktion f nicht nur über einem einzelnen infinitesimalen Intervall, sondern über n infinitesimalen Intervallen (wobei n eine hypernatürliche Zahl ist), so kann man das Argument des infinitesimalen Kastens für jedes der Intervalle einsetzen. Wird zum Beispiel das reelle Intervall $[a, b]$ in n Teilintervalle $I_1, \ldots, I_n$ der Länge $\delta := \frac{b-a}{n}$ zerlegt, so gibt es in jedem Teilintervall I_i einen maximalen Funktionswert $\hat{y}_i$ und einen minimalen Funktionswert $\check{y}_i$, und die Differenz $\varepsilon_i := \hat{y}_i - \check{y}_i$ ist jeweils infinitesimal. Unter den n Zahlen $\varepsilon_1, \ldots, \varepsilon_n$ gibt es eine maximale Zahl ε (die dann immer noch infinitesimal ist). Dies gilt für natürliche n und nach dem Transferprinzip dann auch für hypernatürliche n.[5] Damit kann man Abweichungen, die über dem Teilintervall I_i kleiner oder gleich $\varepsilon_i \delta$ sind, in der Summe abschätzen durch

$$\sum_{i=1}^{n} \varepsilon_i \delta \leq \sum_{i=1}^{n} \varepsilon \delta = n \varepsilon \delta = \varepsilon(b - a) \simeq 0.$$

Dass Integral und Rechtecknäherung über $[a, b]$ sich nur infinitesimal unterscheiden, ist mathematisch klar, da Integrierbarkeit in der Nichtstandardanalysis gerade dadurch definiert ist, dass alle Rechtecknäherungen (Riemannschen Summen) mit infinitesimaler Schrittweite finit sind und den gleichen Standardteil haben. Die Überlegungen in diesem Abschnitt demonstrieren, wie bei einem geometrischanschaulichen Zugang mittels infiniter Vergrößerung begründet werden kann, dass sich die anschaulich gegebene Fläche unter dem Funktionsgraphen nur infinitesimal von der Rechtecknäherung (oder wahlweise der Trapeznäherung) unterscheidet. Dass stetige Funktionen integrierbar sind, kann ebenfalls unter Verwendung der infiniten Vergrößerung gezeigt werden (z. B. (Baumann und Kirski 2019, S. 125–127).

Die meisten in der Schulpraxis vorkommenden Funktionen sind nicht nur stetig, sondern sogar differenzierbar, das heißt, sie sehen unter infiniter Vergrößerung gerade aus. Daher scheinen Trapeznäherungen, im Gegensatz zu Rechtecknäherungen, perfekt zu passen. Tatsächlich bleibt aber auch dort im Allgemeinen ein (unsichtbarer) infinitesimaler Unterschied bestehen. Rechtecknäherungen sind für konkrete Integralbrechnungen einfacher und haben mathematisch keinen Nachteil gegenüber Trapeznäherungen, denn die Flächenunterschiede bleiben in beiden Fällen, selbst wenn man sie hyperendlich über eine infinitesimale Zerlegung eines reellen Intervalls aufsummiert, noch infinitesimal.

Für stetige, aber nicht differenzierbare Funktionen ist eine optisch perfekte Annäherung mit Trapezen im Allgemeinen gar nicht möglich, wie die folgenden Beispiele zeigen. Das Argument des infinitesimalen Kastens bleibt aber wegen der Stetigkeit gültig.

Beispiel 1 $f(x) = \sqrt{x}$, für $x \geq 0$, ist auf dem gesamten Definitionsbereich stetig (und damit integrierbar), aber in 0 nicht differenzierbar. Eine infinite Vergrößerung

---

[5]Das Transferprinzip ist anwendbar, weil die Existenz des Maximums in der Prädikatenlogik erster Stufe formulierbar ist (vgl. Fußnote 4).

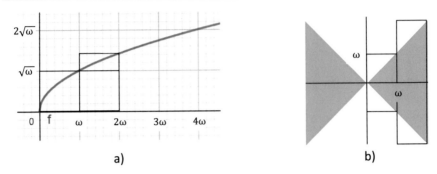

Abb. 6.4 Zwei Beispiele stetiger, in 0 nicht differenzierbarer Funktionen

an der Stelle 0 würde einen (augenscheinlich) senkrechten Ausschnitt des Funktionsgraphen zeigen. Die Rechteckflächen würden gleichsam nach oben „aus dem Bild schießen". Um sie sichtbar zu machen, muss auf der y-Achse umskaliert werden, zum Beispiel mit $\sqrt{\omega}$ als Einheit (wenn ω die infinitesimale Einheit auf der x-Achse ist). Dann sieht der vergrößerte Funktionsgraph wieder wie eine gewöhnliche Parabel aus (siehe Abb. 6.4a).

Beispiel 2

$$f(x) = \begin{cases} x \sin \frac{\pi}{x} & \text{für } x \neq 0, \\ 0 & \text{für } x = 0. \end{cases}$$

f ist auf ganz $\mathbb{R}$ stetig (und damit integrierbar), aber in 0 nicht differenzierbar. Hier führt die infinite Vergrößerung an der Stelle 0 dazu, dass der Funktionsgraph nicht mehr als Linie erkennbar ist, da die Nullstellen $\frac{1}{\mu}$ ($\mu \in {}^*\mathbb{N}, \mu \gg 1$), die im Vergrößerungsfenster liegen, nicht mehr aufgelöst werden können, denn der Abstand zweier benachbarter Nullstellen ist infinitesimal relativ zur infinitesimalen Einheit auf der x-Achse. Dennoch ist die Schwankungsbreite der Funktionswerte leicht ablesbar, sodass die minimalen und maximalen Rechtecknäherungen am Graphen eingezeichnet werden können (siehe Abb. 6.4b).

6.6   Fazit

Für die wichtige Klasse der stetig differenzierbaren Kurven (insbesondere also für Graphen stetig differenzierbarer Funktionen) führt die durch infinite Vergrößerung mögliche geometrisch-anschauliche Argumentation zu korrekten Ergebnissen. Das heißt, solche Kurven können unter infiniter Vergrößerung, so wie es die graphische Darstellung nahelegt, als *gerade* angesehen und daher mit infinitesimalen Kurvensehnen oder Tangentenstücken identifiziert werden. Satz 6.1 liefert hierfür die Rechtfertigung.

Das Eingangsbeispiel aus Abb. 6.1 stellt sich unter Verwendung von Satz 6.1 folgendermaßen dar. Der Winkel im Punkt Q beträgt $x + d\varphi$ mit $d\varphi \simeq 0$, und der

infinitesimale Kreisbogen von P bis Q hat die Länge $dx = |PQ| + d\xi$ mit $\frac{d\xi}{dx} \simeq 0$.
Aufgrund der Stetigkeit des Kosinus ist dann (für reelles x)

$$\cos x \simeq \cos(x + d\varphi) = \frac{dy}{|PQ|} = \frac{dy}{dx - d\xi} = \frac{dy}{dx} \cdot \frac{1}{1 - \frac{d\xi}{dx}} \simeq \frac{dy}{dx}$$

und daher $\cos x = \operatorname{st}(\frac{dy}{dx})$ die gesuchte Ableitung von $\sin x$.

Satz 6.1 ist nun für eine sehr allgemeine Klasse von Kurven, nämlich die der stetig differenzierbaren Kurven anwendbar.

Funktionen wie die in Abschn. 6.4 betrachtete sind bewusst „pathologisch" konstruiert, um den Unterschied zwischen Differenzierbarkeit und stetiger Differenzierbarkeit herauszuarbeiten, wobei dort nur die Stelle 0 problematisch ist.[6]

Die im Schulunterricht behandelten differenzierbaren Funktionen sind in aller Regel auch stetig differenzierbar. Ihre Graphen sind reguläre Kurven. Daher kann man sie, wie von Leibniz angeregt, ohne Verlust als Polygonzüge mit infinitesimalen Seiten ansehen.

▶   Die infinite Vergrößerung erweist sich als ein adäquates und starkes Hilfsmittel zur Veranschaulichung von Nichtstandardmethoden in der Analysis.

In der Integralrechnung stetiger Funktionen lässt sich mittels der infiniten Vergrößerung geometrisch-anschaulich nachvollziehen, warum Rechteck- oder Trapeznäherungen mit infinitesimaler Schrittweite sich nur infinitesimal von der Fläche unter dem Funktionsgraphen unterscheiden.

---

[6]Ein analoges Beispiel einer pathologischen Funktion betrachtet auch Elschenbroich mit seiner Funktionenlupe. Man sieht dort, wie die Kräuselungen des Funktionsgraphen immer enger und flacher werden, bis dieser nicht mehr von der x-Achse zu unterscheiden ist.

Die Grundproblematik der Stetigkeit 7

Thomas Bedürftig und Stefan Basiner

Der Begriff der Stetigkeit wird in den Unterrichtsgängen der Handreichung (2021) nicht angesprochen. Er kommt aus guten Gründen im Unterricht – in der Regel und *zu Recht* – nicht vor. Hier aber müssen wir das Problem des Begriffs der Stetigkeit ansprechen, weil es grundsätzlicher Natur ist und weil in diesem Begriff die methodischen Probleme im Kern deutlich werden, die die moderne „höhere Mathematik" schafft. Ihre Entstehung werden wir im Kap. 8 andeuten. Es wird klar, wieso man sich auf den „propädeutischen Grenzwertbegriff" zurückzieht, ja zurückziehen muss. Anschauung und Intuition auf Seiten der Schülerinnen und Schüler stehen mathematische Abstraktion und Theorie gegenüber.

Stetigkeit ist das Natürliche. Erst seit im 19. Jahrhundert die Zahlengerade erfunden und das stetige Kontinuum mathematisch in Punkte „zerlegt" wurde, ist es überhaupt nötig zu sagen, was „stetig" ist. In der Schule ist es daher mehr als schwierig, Stetigkeit zu problematisieren und Schülerinnen und Schüler zu motivieren, sich mit einem erst mathematisch verursachten, künstlichen Problem zu befassen. Denn Schüler denken natürlich, also stetig.

T. Bedürftig (✉)
Institut für Didaktik der Mathematik und Physik, Universität Hannover, Hannover, Niedersachsen, Deutschland
E-mail: beduerftig@idmp.uni-hannover.de

S. Basiner
Witten, Nordrhein-Westfalen, Deutschland
E-mail: basiner@t-online.de

© Der/die Autor(en), exklusiv lizenziert durch Springer-Verlag GmbH, DE, ein Teil von Springer Nature 2022
T. Bedürftig et al. (Hrsg.), *Über die Elemente der Analysis – Standard und Nonstandard*, https://doi.org/10.1007/978-3-662-64789-9_7

7.1   Vorstellungen

Schüler denken weniger an Punkte in einer unendlichen Menge von Wertepaaren einer Funktion f, sondern an die stetige Kurve. Sie denken anschaulich-geometrisch. Die Kurve ist *stetig*, wenn sie keine „Sprünge macht". Das ist Tradition:

> „Natura non facit saltus",

sagten die Alten seit Aristoteles. Alles andere ist pathologisch oder konstruiert.

Oder: Wie kann man Stetigkeit in einem Punkt bezweifeln, wenn wir so denken und es vielleicht auch einmal im Unterricht so sagen:

> „Eine Funktion ist stetig, wenn man ihren Graphen mit einem Bleistift ohne abzusetzen zeichnen kann."

Ist das peinlich? Nein. Man denkt so, weil man es so tut. Auch diese Art zu denken hat Tradition:

> „Punctum in processu facit lineam." (Der Punkt macht im Prozess die Linie.)

sagte man in der Scholastik und dachte an die Bewegung. Zeichnerisch: Man setzt einen Punkt und zieht von ihm aus mit ihm die Kurve – und nicht etwa eine Menge von Punkten. Wie kann da in einem Punkt, den man in die stetige Kurve setzt, etwas Unstetiges sein?

Das ist die Problematik der Stetigkeit im Unterricht. Die Grenzprozesse, mit denen man auf das theoretische Problem reagiert, erscheinen der natürlichen Stetigkeit – künstlich von außen – aufgezwungen. Hierin liegt die Ursache dafür, dass man quasi *kapituliert* hat.

7.2   Propädeutischer Grenzwertbegriff

Man zieht sich in der Regel mit wenigen Bemerkungen auf den *propädeutischen* Grenzwert zurück. Wie tut man das? Indem man an die alte, natürliche Anschauung der Linie und der Bewegung appelliert:

> Man lässt Punkte „fließen", auf der Linie gegen den Grenzwert „streben" oder „nähert" sich ihm.

Schnell hat man Limesschreibweisen zur Hand: $\lim\limits_{x \to x_0} f(x)$, $\lim\limits_{n \to \infty} f(x_n)$ usw.

Wir versuchen einmal, uns in Formulierungen des Strebens und Näherns dem Grenzwert*begriff* zu nähern. Beispiel: Wann ist eine Funktion f stetig in x_0?

Anschaulich: Wenn x gegen x_0 strebt, strebt $f(x)$ gegen $f(x_0)$.

Numerischer Versuch: Wenn x minimal (δ) von x_0 entfernt ist, dann ist $f(x)$ minimal (ε) von $f(x_0)$ entfernt.

Neuer Versuch: Ist x wenig von x_0 entfernt, dann gibt es x', das noch weniger entfernt ist. Dann ist auch $f(x')$ noch weniger von $f(x_0)$ entfernt als $f(x)$.

Das erste Ziel solcher Beobachtungen, wie sie vielleicht Schüler formulieren, kann ein prälogischer ε-δ-Dialog zwischen Vorgabe eines ε und Suchen eines δ sein. Das Ziel schließlich ist die *logische* Grenzwertfassung

▶ $\forall \varepsilon > 0 \ \exists \delta > 0 \ \forall x \ (|x_0 - x| < \delta \Rightarrow |f(x_0) - f(x)| < \varepsilon)$.

Warum ist dieses Ziel so schwer erreichbar?

Das stetige Streben wurde zum numerischen Dialog. Im Dialog liegt noch ein Prozess, der in die Definition der Stetigkeit über Folgen führt. Von ihm geht es weiter in die Statik, die statisch-logische $\forall$-$\exists$-Formulierung, die von der Intuition der Stetigkeit, des Strebens und Fließens, weit entfernt ist. Der Anspruch der Abstraktion ist hoch, der letzte Schritt vom Dialog in die Logik groß.

Wie groß, das werden wir beobachten, wenn wir den Erfindern des Grenzwertes, Cauchy und Weierstraß, auf ihrem Weg zu den Grenzwerten folgen (s. Abschn. 8.3). Beide haben damals Infinitesimales und den Grenzwert 0 nicht streng unterschieden, da ihnen die mathematische Logik und die Mengenlehre fehlten. Diese fehlen unseren Schülerinnen und Schülern ebenso und zeigen die große, kaum überwindliche Hürde zum Grenzwertbegriff.

7.3   Infinitesimale Definition

Es kommt noch etwas hinzu, das der Intuition der Stetigkeit eines Graphen einer Funktion f in einem ausgewählten Punkt widerspricht. Das Ziel der Charakterisierung der Stetigkeit über Grenzwerte ist gar nicht die Stetigkeit *in* dem Punkt $P = (x_0, f(x_0))$ der Kurve, sondern *bei* dem Wert x_0, also um x_0 und damit um $P = (x_0, f(x_0))$ „drumherum".

Im infinitesimalen Zugang passiert hier etwas Besonderes. Man kann eine natürliche Intuition von Stetigkeit *in* einem Punkt erfassen. Auch der infinitesimale Zugang geht von der mengentheoretischen Auflösung der Kurve in reelle Punkte aus und definiert die Stetigkeit *in* den Punkten der Kurve. Er erfasst die anschauliche Vorstellung

„f ist stetig *im* Punkt $P = (x_0, f(x_0))$, wenn man beim Zeichnen der Kurve im Punkt P nicht absetzt."

Wie geschieht das? Wir erinnern uns an die erweiterte Zahlengerade (s. Punkt 2.2.2).

Wir sehen den *reellen* Punkt auf dem Graphen.
Wenn wir genauer hinsehen, sehen wir diesen Punkt als eine „*Monade*" von hyperreellen Punkten.

Der reelle Punkt wird zu einem der *hyperreellen* Punkte in dieser Monade:

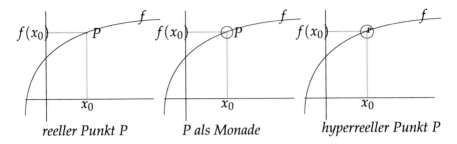

Dass der Bleistift jetzt im reellen Punkt *P* nicht absetzt, bedeutet, dass der Graph innerhalb der Monade „keine Sprünge" macht, genauer: „keine großen Sprünge". Infinitesimal ist erlaubt.

Definition f ist stetig in x_0, wenn $f(x) \simeq f(x_o)$ für alle $x \simeq x_0$ ist.

Anschaulich: Alle $(x_0 + dx, f(x_0 + dx))$ sind hyperreelle Punkte in der Monade von *P*.

Der numerische Versuch oben, über minimale Abstände zu sprechen, bekommt jetzt Sinn:

> Wenn x minimal (dx) von x_0 entfernt ist, dann ist $f(x)$ minimal (dy) von $f(x_0)$ entfernt.

Weierstraß sagte es 1861 so:

> „Wenn nun eine Funktion so beschaffen ist, daß unendlich kleine Änderungen des Arguments (dx) unendlich kleinen Änderungen der Funktion (dy) entsprechen, so sagt man, dass dieselbe eine *continuierliche Funktion* sei vom Argument." (Weierstraß 1861, zitiert nach Jahnke 1999, S. 236)

Diese infinitesimale Definition der Stetigkeit ist äquivalent zur ε-δ-Definition (vgl. Laugwitz 1986, S. 126).

7.4   Zur Begriffsbildung der Stetigkeit im Unterricht

Bevor im Mathematikunterricht der Schule ein Begriff von Stetigkeit angestrebt wird, sollte man bedenken, auf welches Erfahrungsfeld man sich dabei begibt. Ein Grundzug von Erkennen besteht darin, „Zusammenhänge" denkend zu erfassen. Die geometrische Vorstellung einer Linie ist nur *ein* auf das Räumliche bezogener Spezialfall von Stetigkeit.

7.4.1 Erfahrungsfelder

Die naive Auffassung einer zusammenhängenden Linie ist allen Schülern selbstverständlich. In der Mathematik aber, durch die Einbindung von Zahlen und erst recht dann als Punktmenge in dem Begriff der „Zahlengeraden", wird sie zu einer Herausforderung und bedarf einer tiefer gehenden analytischen Klärung. Beim Zählen oder beim Übergang von einer zu einer anderen Zahl „springt" man eben nur, um es bildlich zu sagen, und „fließt" nicht. Die innermathematische Provokation zu einer neuen Klärung von Stetigkeit durchläuft im Wesentlichen folgende Stationen oder Felder geometrisch-mathematischer Erfahrungen.

Feld 1
In der geometrischen Praxis mit Linien kennt man vier elementare Vorgänge:

   i) das Aufsetzen auf einen Punkt,
  ii) das Weiterführen zu einer Linie,
 iii) das Beenden einer Linie,
  iv) das Überführen von iii) nach i) mit einer Zwischenbewegung, die nicht als Linie realisiert wird.

Der Vorgang iv) ist die elementare Grunderfahrung von Unstetigkeit und bildet den Gegensatz zu ii), der Erfahrung von Stetigkeit. Innerhalb dieses rein geometrischen Erfahrungsfeldes bedarf es keiner speziell mathematischen Analyse, weil die Erfahrungen in naiver Auffassung gewissermaßen selbstverständlich sind.

Feld 2
Aus der Untersuchung gewisser Zahlen-Folgen wie $(a_n) = (\frac{1}{n})$ oder auch $(a_n) = (0{,}9 \cdot \sum_{k=0}^{n} 10^{-k})$ ergeben sich Fragen nach dem Größenverhalten. Es tritt eine Art Vorstufe des Stetigkeitsproblems dadurch auf, dass durch die Größenveranschaulichung der Zahlen auf einer Geraden quasi ein geometrischer Prozess unterlegt wird, nämlich das Abschreiten von Werten a_n als einen Weg. So erst kommt es zu einer Vorstellung von Konvergenz, für die später auch eine präzise Beschreibung eines Grenzwertes g, z. B. $\forall \varepsilon > 0 \, \exists N \in \mathbb{N} \, \forall n \in \mathbb{N} \, (n > N \rightarrow |a_n - g| < \varepsilon)$, sinnvoll wird.

Feld 3
Bei der Beschreibung des freien Falls oder der Planetenbahnen oder spezieller geometrischer Figuren durch mathematische Funktionen oder Relationen stößt man zunächst nicht auf Unstetigkeiten (s. o. „die Natur macht keine Sprünge" – jedenfalls früher nicht). Ferner treten wegen der Stetigkeit der grundlegenden algebraischen Operationen bei den Funktionstermen Unstetigkeitsstellen höchstens als Definitionslücken auf und sind dann nur punktuelle Singularitäten. Zudem deutet man eine Variable z. B. als Zeitparameter und damit als Träger eines stetig fließenden Vorgangs, der mit einer räumlichen Bewegung verbunden sein kann. Von einem echten

Stetigkeitsproblem kann man aber auch hier noch nicht sprechen, weil Stetigkeit einfach der Normalfall ist.

Feld 4
Man löst sich von konkreten algebraischen Termen und fasst den Funktionsbegriff abstrakt als beliebige Zuordnungsvorschrift von einem Argumentbereich zu einem Wertebereich oder später noch statischer als Menge geordneter Wertepaare. Hier erst stellt sich dann das Problem nach einem Kriterium, wann der Graph einer Funktion z. B. linienartig ist (vgl. Abschn. 2.3).

Fazit
Nur die Felder 1 bis 3 sind Gegenstand der Schulmathematik. *Realistisch betrachtet, ist das Stetigkeitsproblem für die Schüler also weitgehend aus der Luft gegriffen!* Im Gegensatz dazu sind z. B. das Tangentenproblem und Aufgaben der Integralrechnung für die Schüler vielleicht anspruchsvoll, aber durchaus noch naheliegend.

7.4.2 Zur Didaktik des Grenzwertbegriffs

Historisch wurde aus der Skepsis gegenüber infinitesimalen und infiniten Größen schließlich eine Ablehnung (s. Abschn. 8.3), und zwar aus zwei Gründen: Es stand eine streng mathematische Handhabung dieser Größen nicht zur Verfügung und viele Mathematiker betrachteten, besonders im Übergang vom neunzehnten zum zwanzigsten Jahrhundert, bildhafte Vorstellungen überhaupt als etwas, das höchstens propädeutisch wirksam, aber ansonsten aus dem „rein" mathematischen Diskurs herauszuhalten ist. Betrachten wir die folgende Beschreibung von Stetigkeit:

(∗) Ein willkürlich gewählter Zwischenpunkt $(t_0, f(t_0))$ liegt „passend" in einer Punktmenge $\{(t, f(t)\}$, wenn für jede unendliche Folge von Zeitpunkten $t_n \to t_0$ die unendliche Punktfolge $(t_n, f(t_n))$ gegen $(t_0, f(t_0))$ konvergiert. Kurz: alle Folgen $(t_n, f(t_n))$ mit $t_n \to t_0$ müssen einen gemeinsamen Grenzpunkt haben.

Die formale Definition von Konvergenz, wie sie in Feld 2 zitiert wird, ist ja für Schüler schwierig und kaum erreichbar (s. Abschn. 7.2 und Punkt 8.4.2). Hinzu kommt nun in der Version (∗), dass Folgen $t_n \to t_0$ oder $(t_n | f(t_n))$ grundsätzlich diskrete Gebilde sind. Eine (nicht konstante) Folge kann nur in diskreten Sprüngen einem Grenzpunkt zustreben, sie hat also per se nichts mit Stetigkeit zu tun. Dieses Manko muss man durch die Unendlichkeit der Menge aller möglichen Folgen ausgleichen.

Ein weiterer Aspekt liegt in der Tatsache, dass der Grenzpunkt einer Folge immer als eine Art Endpunkt oder Zielpunkt gedacht wird, weil es auf einen beliebig langen endlichen Anfang der Folge eben nicht ankommt. Die Version (∗) fordert also die Existenz eines gemeinsamen Zieles unendlich vieler diskreter und unendlicher Prozesse, die alle ihren Ausgang von beliebig vielen Punkten nehmen, auf die es selbst nicht ankommt.

Bei Verwendung infinitesimaler Größen kann man *Unstetigkeit* wie folgt definieren:

Definition (Unstetigkeit). Das Gebilde $\{(t, f(t))\}$ verliert bei $(t_0, f(t_0))$ den Zusammenhang genau dann, wenn schon „unmittelbar nach" t_0, also zu einem Zeitpunkt $t_0 + dt$ – mit $dt \simeq 0$ –, der Punkt $(t_0 + dt, f(t_0 + dt))$ ganz woanders liegt, also bestimmt *nicht* $(t_0 + dt, f(t_0 + dt)) \simeq (t_0, f(t_0))$ gilt.

Dies ist eine gegenüber (∗) völlig harmlose und natürliche Beschreibung der elementaren Erfahrung iv) im Feld 1, was also beim „Abspringen" vom Punkt $(t_0, f(t_0))$ passiert.

Auch in der historischen Formulierung von Weierstraß, die wir oben zitierten (s. Ende von 7.3), mit den „unendlich kleinen Änderungen des Argumentes" geht die Vorstellung zunächst von einem bestimmten Punkt $(t_0, f(t_0))$ aus, von dem man sich infinitesimal wegbewegt – nun aber ohne „wegzuspringen": Man muss auf jeden Fall (also $\forall dt \simeq 0$) „dranbleiben".

Während man bei (∗) diffus und auf unendlich verschiedene Weise losgehen muss, um sich vielleicht einem gemeinsamen Zielpunkt (Grenzpunkt) zu nähern, startet man gemäß der Definition der Unstetigkeit einfach und konkret – das ist ein erheblicher didaktischer Vorteil.

Übrigens hat die Definition der Unstetigkeit noch einen weiteren didaktischen Vorteil: In der geometrischen Praxis ist der Sprung (Abheben und neu Ansetzen, s. Feld 1 Vorgang iv) ein relativ wacher Akt im Vergleich zum Fortsetzen einer Linie. Daher ist es im Unterricht geschickter, sich zuerst dem singulären Ereignis eines Sprunges analytisch zuzuwenden statt sich abzumühen, das Normale (die Stetigkeit) in neue Wort zu kleiden. Anschließend kann man ja leicht aus der Negation von $\exists dt \simeq 0 \, (f(t_0 + dt) \not\simeq f(t_0))$ die Stetigkeit im Sinne von Weierstraß formulieren und auch eine elegante Kurzfassung ansteuern:

▶   *Kurzfassung*
   $t \simeq t_0 \rightarrow f(t) \simeq f(t_0)$.

7.4.3 Schlussbemerkung

In Version (∗) der Stetigkeit wird das Stetige mit dem Unstetigen der diskreten Folgen aus dem schon anspruchsvollen Erfahrungsfeld 2 erklärt. Und der Punkt, um den es dabei geht, ist ein gemeinsames unendliches Etwas, auf das diffus von irgendwo und überallher zugesteuert werden kann.

In der Definition der Unstetigkeit wird das Unstetige aus dem naiv zugänglichen Erfahrungsfeld 1 erklärt. Und der Punkt, um den es geht, ist der konkrete Punkt, von dem aus man abhebt, also in keiner Weise eine Bewegung fortsetzt.

Daraus wird klar, welcher Version man vor Schülerinnen und Schülern bei der Behandlung von Stetigkeit im Unterricht den Vorzug geben sollte.

Aus der Geschichte

8

Thomas Bedürftig

8.1 Einleitung

> „Jeder, der den ganzen Verlauf der wissenschaftlichen Entwicklung kennt, wird natürlich viel freier und richtiger über die Bedeutung einer gegenwärtigen wissenschaftlichen Bewegung denken als derjenige, welcher in seinem Urtheil, auf das von ihm selbst durchlebte Zeitelement beschränkt, nur die augenblickliche Bewegungsrichtung wahrnimmt."

So sagt es Ernst Mach 1883 (Mach 1883, S. 7), und so lautet das Motto des Essentials (Bedürftig und Kuhlemann 2020). Wir referieren einiges aus diesem kleinen Buch und aus (Bedürftig 2020). Keineswegs werden wir den ganzen Verlauf kennen lernen, aber doch entscheidende Schritte in der begrifflichen Entwicklung von den infinitesimalen Größen über die Grenzwerte zu den infinitesimalen Zahlen. Wir Lehrende können daraus manche Einsichten gewinnen, die uns vielleicht überraschen – und stärken. Viele Dinge, die wir schildern, geben Anregungen auch für den Mathematikunterricht.

8.1.1 Grenzwert oder infinitesimaler Abstand?

Wir fangen aber nicht historisch an, sondern ziemlich aktuell und schulisch. Und zwar mit der $0,999\ldots$-Frage, mit der auch in der Handreichung (2021) der Abschn. 3.1 beginnt:

T. Bedürftig (✉)
Institut für Didaktik der Mathematik und Physik, Universität Hannover, Hannover, Niedersachsen, Deutschland
E-mail: beduerftig@idmp.uni-hannover.de

Ist a) $0,999\ldots < 1$ oder b) $0,999\ldots = 1$?

Wir steigen nicht in die Diskussion ein, sondern fragen uns, worin eigentlich die Differenz der Argumentationen für oder wider liegt. Zurückgreifen können wir auf eine fiktive Diskussion zwischen einer Schülerin namens Lina im Jahr 2003 und A. Beutelspacher (2010). Die Geschichte dazu wird in (Bedürftig und Murawski 2019, S. 412 ff) erzählt.

Die rasche Antwort auf die $0,999\ldots$-Frage von A. Beutelspacher ist

b) „[…] tatsächlich ist $0,999\ldots$ *gleich* 1.“
Denn:

(∗) „Der Abstand **wird** kleiner als jede Zahl, die wir uns ausdenken können.“
Formal – wenn wir $0,999\ldots$ als die Reihe $\sum_{i=1}^{\infty} \frac{9}{10^i}$ schreiben und mit (s_n) die Folge der Partialsummen bezeichnen:

▶ $\forall \varepsilon > 0 \; \exists N \; \forall n > N \; (|1 - s_n| < \varepsilon)$.

A. Beutelspacher denkt an den Grenzwert 1 der Folge (s_n).
Lina protestiert, sinngemäß, so:

a) „[…] tatsächlich ist $0,999\ldots$ *kleiner als* 1.“
Denn

(∗) „der Abstand **ist** kleiner als jede Zahl, die wir uns ausdenken können.“
Formal:

▶ $\forall \varepsilon > 0 \; (|1 - (s_n)| < \varepsilon)$.

Lina denkt an einen unendlich kleinen Abstand α zwischen $0,999\ldots$ und 1.

„Wird" oder „ist"? Sprachlich ist der Unterschied der beiden (∗)-Formulierungen gering. Mit Schülerinnen und Schülern kann man den Bedeutungsunterschied zwar diskutieren. Von den beiden formalen Formulierungen aber bleiben sie weit entfernt – von der ersteren „unendlich weit". Es fehlen die logischen Voraussetzungen.

Die kleine sprachliche Differenz in den (∗)-Formulierungen behalten wir im Kopf, wenn wir jetzt in die Geschichte schauen.

8.2   Leibniz' Infinitesimalien

Infinitesimalien tauchen in der Mitte des 17. Jahrhunderts auf und stammen von Pascal, Newton und Leibniz. Ihr historischer Gebrauch geht vor allem auf Leibniz zurück.

Wir haben gelernt, was „infinitesimal" bedeutet. Historisch war lange das Infinite-simale „das Kleinste". In der Geschichte der Mathematik und Philosophie ging es in der Tat, wenn es um unendlich Kleines ging, um Atomares, Indivisibles, Unteilbares – so die unterschiedlichen Bezeichnungsweisen –, bis Leibniz und Newton kamen. Mit den Leibnizschen Infinitesimalien trat etwas Neues, nie Dagewesenes auf:

Infinitesimalien sind weder Atome noch Punkte.

▶ Infinitesimalien sind Strecken wie gewöhnliche Strecken und Größen wie gewöhnliche Größen.

Leibniz schaut tiefer in das Kontinuum, z. B. in Geraden und Linien, hinein und erweitert das geometrische Denken um das Infinitesimale. Er sagte es so:

> „Man muß aber wissen, daß eine Linie nicht aus Punkten zusammengesetzt ist, auch eine Fläche nicht aus Linien, ein Körper nicht aus Flächen, sondern eine Linie aus Linienstückchen (*ex lineolis*), eine Fläche aus Flächenstückchen, ein Körper aus Körperchen, die unendlich klein sind (*ex corpusculis indefinite parvis*). (*Mathematische Schriften* Bd. 7, S. 273)

Man bemerke, dass Leibniz uns widerspricht, wenn wir heute, mengentheoretisch geschult, Geraden als Punktmengen auffassen.

8.2.1 Fiktion?

Eine alte Frage, die gerade in der Handreichung (2021) uns und unsere Schülerinnen und Schüler interessiert, ist, was diese Infinitesimalien eigentlich sind. Gibt es sie? Oder sind sie Einbildungen?

Sind Infinitesimalien Fiktionen?

Leibniz selbst hat von „Fiktionen" gesprochen („*quantitates fictitiae*", s. (Knobloch 2016), S. 36 u. S. 128). Die Bedeutung des lateinischen „fictio" aber ist weit. Sie reicht von „Vorstellung" und „gedankliche Gestalt" bis „Phantasie" und „Unsinn".
   Bei Leibniz in einem negativen Sinne von Fiktionen als Erdichtungen irrealer, unsinniger oder gar falscher Gebilde zu sprechen, ist falsch. Leibniz dachte vielmehr so:

> „Man kann somit die unendlichen und die unendlich kleinen Linien – auch wenn man sie nicht in metaphysischer Strenge und als reelle Dinge zugibt – doch unbedenklich als *ideale Begriffe*[1] brauchen, durch welche die Rechnung abgekürzt wird, ähnlich den imaginären Wurzeln in der gewöhnlichen Analysis." (Zitiert nach (Becker 1954), S. 165 ff, aus einem Brief von Leibniz vom 2. Februar 1702 an Pierre de Varignon.)

---

[1] Hervorhebung durch den Autor

Infinitesimalien bei Leibniz sind, so kann man es sehen, neue Idealisierungen in der alten Welt der idealen geometrischen Kontinua. Sie bringen eine neue qualitative Dimension in die Auffassung des Kontinuums, die die rein quantitative Erfassung durch endliche Größen oder Zahlen erweitert.

8.2.2 Anschauung

Die unendlich kleinen Seiten im unendlich kleinen Dreieck, die wir beim Differenzieren im Abschn. 2.4.1 gesehen haben, sind nichts anderes als die geometrischen „Ur-Infinitesimalien" im alten charakteristischen Dreieck, mit dem alles begann:

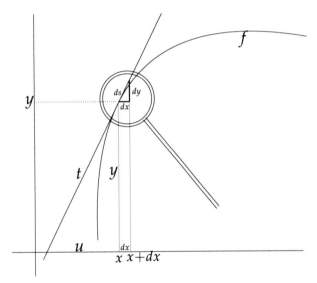

Charakteristisches Dreieck bei Leibniz

Man kann infinitesimale Strecken und Gebilde veranschaulichen wie andere ideale geometrische Kontinua und kann dies heute mathematisch legitimieren (s. Kap. 6). Leibniz hat dies damals intuitiv getan.

Die Infinitesimalien ds, dx in der Abbildung veranschaulichen, auch wenn man sie im eigentlichen Sinne nicht „als reelle Dinge zugibt", für Leibniz nicht nichts. Davon ist er überzeugt. Sie haben eine gewisse Existenz:

> „Dennoch aber werden die ds und dx nicht im absoluten Sinne ‚Nichts' sein, da sie zueinander stets das Verhältnis von $t : u$ bewahren, [...]."[2]

---

[2]Bezeichnungen aus der Abbildung für die originalen Bezeichnungen eingesetzt, zitiert nach (Becker 1954, S. 163).

Infinitesimalien stehen in Verhältnissen zueinander und werden Elemente des Rechnens. An anderer Stelle heißt es:

> „Gegeben sind auch unbestimmbare Größen, und zwar unendlich klein und infinitesimal (Dantur et quantitates inassignabiles …).“ (Leibniz, Mathematische Schriften Bd. 7, S. 68)

Leibniz spricht einmal vom „Licht“, das er in den Infinitesimalien sah. Er entdeckte das infinitesimale charakteristische Dreieck während seines Paris-Aufenthalts in einem nachgelassenen Manuskript Pascals, in dem es um den Viertelkreis ging. Es waren zwei „Lichtquellen“. Die eine ist die Idee der Verallgemeinerung des charakteristischen Dreiecks vom Viertelkreis auf beliebige Kurven – so, wie oben im Bild des charakteristischen Dreiecks. Das andere Licht ist das Licht einer Existenz. Wir können es so sehen:

▶ Das charakteristische Dreieck ist zwar unendlich klein. Im Endlichen aber spiegelt es sich wider. Die Verhältnisse der *unendlich kleinen* Seiten zu den *endlichen* Seiten bilden eine *Brücke* zwischen der Realität der endlichen Größen und den Infinitesimalien.

Diese Brücke ist der Hinweis auf eine geometrische „Realität“ der Infinitesimalien – nicht nur eine Art „formalistischer“ Existenz, die aus ihrer „Konsistenz“ im Rechnen kommt. Es ist eine „anschaulich-arithmetische Existenz“.

Den geometrischen Aspekt der Infinitesimalien finden wir auch deutlich in den historischen Postulaten von Johann Bernoulli 1691, die er in einem Entwurf eines Lehrbuches formuliert hat (s. (Schafheitlin 1924), S. 11).

> „1. Eine Größe, die vermindert oder vermehrt wird um eine unendlich kleinere Größe, wird weder vermindert noch vermehrt.
> 2. Jede krumme Linie besteht aus unendlich vielen Strecken, die selbst unendlich klein sind.
> 3. Eine Figur, die durch zwei Ordinaten, der unendlich kleinen Differenz der Abszissen und dem unendlich kleinen Stück einer beliebigen Kurve begrenzt ist, wird als Parallelogramm betrachtet.“

Etwas eigenartig für heutige Ohren ist das „unlogische“ Postulat 1 – und war es auch für manche damaligen. Es war Anlass für heftige philosophische Kritik bis zur Verspottung, die zwei Jahrhunderte andauerte. Heute kann es z. B. Anlass im Unterricht sein, um zu klären, was „unendlich klein“ bedeutet, wie man es korrekt formuliert und handhabt (s. Handreichung 2021, Abschn. 2.3).

Gegen alle Kritik, vielleicht gerade durch die Kraft ihrer anschaulich-arithmetischen Existenz, setzten die Infinitesimalien sich durch. Sie übten eine große Faszination auf die Mathematiker des 17. und 18. Jahrhunderts aus. Nicht zuletzt ihre anschaulich-geometrische Bedeutung spielte eine wesentliche Rolle beim Siegeszug der Infinitesimalien. Wir fassen zusammen:

▶ Nicht nur das Funktionieren, auch die Anschauung und die (nur verborgene) geometrische Existenz hatten Einfluss auf die Erfolgsgeschichte der Infinitesimalien.

8.2.3 Anmerkung

Diese Erfolgsgeschichte der Infinitesimalien ging im Jahr 1872 zu Ende. In diesem Jahr, das Jahr der Konstruktion der reellen Zahlen, kam das Aus – gründlich. So gründlich, dass die Infinitesimalien als mathematische Elemente verschwanden. Sie wurden mathematisch gelöscht und gelten noch heute für viele als Zeugen einer mathematisch finsteren Vergangenheit. In einem Lehrbuch der Analysis lesen wir:

„[…] heute kann man kaum glauben, dass unendlich kleine Größen bis in die Zeit von Cauchy und Weierstraß, also bis in die Mitte des 19. Jahrhunderts, zum Handwerkszeug der Mathematiker gehörten. Sie sollten […] niemals (!)[3] die Ausdrücke dy und dx als eigenständige Größen verwenden." (Behrends 2003, S. 237)

Wir haben sie dennoch in der Handreichung (2021) als infinitesimale Zahlen eingeführt, begründet und – dieser Warnung zum Trotz – mit Erfolg im Unterricht verwendet.

Wir meinen, dass für die Handreichung (2021) und den Unterricht der Blick in die Geschichte interessant ist. Die historischen Auffassungen der Infinitesimalien können im Unterricht vorgestellt und diskutiert werden. Sie stärken die Position der im Unterricht erfundenen, „fiktiven" Theorie der hyperreellen Zahlen (im Abschn. 2.3 der Handreichung 2021). Die Stärke der Theorie zeigt sich beim Differenzieren und Integrieren gerade in der Möglichkeit ihrer geometrischen Interpretation, im alten und neuen charakteristischen Dreieck und den Flächensummen (a.a.O. Abschn. 2.1 und 2.2).

8.3 Infinitesimalien oder Grenzwerte?

An vielen Stellen erläutert Leibniz die Infinitesimalien als variable, „beliebig klein" werdende Größen. Das erinnert ein wenig an unsere Grenzwert-Propädeutik im Mathematikunterricht. Genauer, erstaunlich genau, sagt es Leibniz 1701 so:

„Denn anstelle des Unendlichen oder des unendlich Kleinen nimmt man so große oder so kleine Größen wie nötig ist, damit der Fehler geringer sei als der gegebene Fehler, […] ." (Zitiert nach (Jahnke 1999), S. 125, aus einem Brief, September 1701, an François Pinsson.)

Das weist bereits damals auf die sogenannte *Finitisierung* hin, die dann im 19. Jahrhundert mit den Grenzwerten Wirklichkeit werden sollte. „Finitisierung" heißt der

---

[3] (!) im Original

Versuch, das Infinite, das mit den Infinitesimalien verbunden ist, finit zu formulieren. Was Leibniz hier sagt, ist leicht in unsere ε-δ-Grenzwerte zu übersetzen:

> „Denn anstelle des Unendlichen oder des unendlich Kleinen nimmt man so große oder so kleine Größen (x), wie nötig ist ($< \delta$), damit der Fehler geringer sei, als der gegebene Fehler ($< \varepsilon$), [...].“

1676, 25 Jahre zuvor, hatte Leibniz in *De Quadratura* (Knobloch (2016), S. 18/19, S. 128/129) Ähnliches formuliert, 150 Jahre vor Cauchy. Cauchy gilt in der Regel als Vater der Finitisierung des Infinitesimalen durch den Grenzwert. Die Finitisierung wird oft als eine Art *Rettung* gesehen, die die Analysis nach Jahrhunderten fehlender Strenge im letzten Viertel des 19. Jahrhunderts wieder auf feste Füße stellte und die philosophische Kritik verstummen ließ.

Wir schauen uns zwei Stationen der Grenzwerte an: Formulierungen von Cauchy und Weierstraß.

8.3.1 Cauchy

Cauchy gilt als Vater der Grenzwertformulierungen. Bei ihm findet man eine Formulierung, die der heutigen ε-δ-Stetigkeit sehr nahe kommt. Cauchy 1821:

> „Unter dieser Voraussetzung ist die Funktion $f(x)$ zwischen den festgesetzten beiden Grenzen der Veränderlichen x eine stetige Funktion dieser Veränderlichen, wenn für jeden zwischen diesen Grenzen gelegenen Wert x der numerische Wert der Differenz $f(x+\alpha) - f(x)$ mit α zugleich so abnimmt, dass er kleiner **wird** als jede endliche Zahl. Mit **anderen Worten:** *Die Funktion $f(x)$ wird zwischen den gegebenen Grenzen stetig in Bezug auf x sein, wenn zwischen diesen Grenzen ein unendlich kleiner Zuwachs der Veränderlichen stets einen unendlich kleinen Zuwachs der Funktion bewirkt.*“[4] (Zitiert nach Jahnke (1999), S. 196)

Wir erinnern uns: Das „wird“ haben wir oben in der Einleitung in der Grenzwert-Argumentation von A. Beutelspacher gehört – gegen das unendlich Kleine von Lina. Was aber sehen wir bei Cauchy? Grenzwert und Infinitesimales in trauter Eintracht. Die Grenzwertvorstellung erläutert das unendlich Kleine. Das unendlich Kleine führt in die Grenzwertvorstellung. Das eine ist das andere, nur in „anderen Worten“.

Noch deutlicher ist hier die folgende Formulierung an gleicher Stelle:

> „Wenn die ein und derselben Veränderlichen nach und nach beigelegten numerischen Werte beliebig so abnehmen, dass sie kleiner als jede gegebene Zahl werden,
>
> *so sagt man,*
>
> diese Veränderliche wird unendlich klein oder: sie wird eine unendlich kleine Zahlgröße. Eine derartige Veränderliche hat die Grenze 0.“

---

[4]Hervorhebungen durch den Autor

Wir wollen diese Formulierung das

▶   „Cauchy-Prinzip"

nennen. Was Bernoulli oben unklar, für heutige Ohren „unlogisch", postuliert hatte, drückt es klar aus:

▶   Rechne mit „unendlich kleinen Zahlgrößen" ungleich Null.

▶   Gehe dann zur „Grenze 0" über.

Der Vater der Grenzwerte brachte das Rechnen mit den Infinitesimalien auf den Punkt.

8.3.2   Weierstraß

40 Jahre später, 1861, 11 Jahre vor den reellen Zahlen, formuliert Weierstraß so:

> „Ist $f(x)$ eine Funktion von x und x ein bestimmter Wert, so wird sich die Funktion, wenn x in $x + h$ übergeht, in $f(x + h)$ verändern; die Differenz $f(x) - f(x + h)$ nennt man die Veränderung, welche die Funktion dadurch erfährt, dass das Argument von x in $x + h$ übergeht. Ist es nun möglich, für h eine Grenze δ zu bestimmen, so daß für alle Werte von h, welche ihrem absoluten Betrag nach kleiner als δ sind, $f(x + h) - f(x)$ kleiner werde als irgendeine noch so kleine Größe ε, so sagt man, dass dieselbe eine *continuierliche Funktion* sei vom Argument […]."

Das ist perfekt und entspricht unserer gewohnten ε-δ-Formulierung ganz.

Aber *Achtung!* Wir haben etwas unterschlagen. Das Zitat eben ist nur ein Torso des Originals. Was sagte Weierstraß 1861 wirklich? Wir zitieren erneut und vollständig – nach dem 1. Satz oben beginnend:

> „[…] Ist es nun möglich, für h eine Grenze δ zu bestimmen, so daß für alle Werte von h, welche ihrem absoluten Betrag nach kleiner als δ sind, $f(x + h) - f(x)$ kleiner werde als irgendeine noch so kleine Größe ε, so **sagt** man,
> es entsprechen unendlich kleinen Änderungen des Arguments unendlich kleine Änderungen der Funktion. Denn man **sagt,** wenn der absolute Betrag einer Größe kleiner werden kann als irgendeine beliebig angenommene noch so kleine Größe, sie kann unendlich klein werden. Wenn nun eine Funktion so beschaffen ist, daß unendlich kleinen Änderungen des Arguments unendlich kleine Änderungen der Funktion entsprechen, so sagt man,
> dass dieselbe eine *continuierliche Funktion* sei […]."[5] (Zitiert nach (Jahnke 1999), S. 236)

---

[5]Hervorhebungen und Strukturierung durch den Autor.

Diese Formulierung[6] gewinnt gegenüber Cauchy an Formalität. Aber es ist 1861 gedanklich und sprachlich wie zuvor – wie bei Leibniz 1701 und bei Cauchy 1821: Die ε-δ-Formulierung beschreibt das unendlich Kleine und das unendlich Kleine meint die ε-δ-Formulierung. Man sagte Grenzwert und dachte Infinitesimalien – und umgekehrt. Vorstellungen, die man heute als unvereinbar unterscheidet, gehörten zusammen.

8.3.3 Beobachtungen

Die Zitate lassen, wenn wir genauer hinschauen, folgendes vermuten:

▶   Man *sagte*
„α (oder *h*) **wird** kleiner als irgendeine noch so kleine Größe ε" (Weierstraß),
„α **wird** kleiner als jede endliche Zahl ε" (Cauchy)

▶   und *dachte*
„**ist** kleiner als alle ε".

Wenn wir von heute, aktualisierend, darauf blicken, erkennen wir in der letzten Formulierung

$$\forall \varepsilon \, (\alpha < \varepsilon)$$

einen Hinweis auf die heutige Definition von „infinitesimal" (vgl. Abschn. 2.2 und 3.2.1). Damals war noch unklar, worauf sich „alle" genau beziehen soll. Was war offenbar ganz anders als heute? Die mathematische Sprache war „nur" eine präzisere Umgangssprache. Man dachte dialogisch, nicht logisch. Die mathematische Logik, deren Elemente erst gegen Ende des 19. Jahrhunderts begannen, die mathematischen Formulierungen zu strukturieren, gab es nicht. Heute sind solche logischen Elemente Alltag. Kurz: Die logische Struktur in den Formulierungen war damals weniger differenziert. In unserem Beispiel: Die Vorstellung des *Vorgebens* von Elementen war nicht klar unterschieden von der Vorstellung des *Vorgegebenseins* der Elemente. Aus heutiger Sicht: Formulierungen über Infinitesimalien und Formulierungen über Grenzwerte gingen notwendig ineinander über.

Diese historische Situation ähnelt der im Unterricht. Auch hier ist die logische Struktur in den Formulierungen undifferenziert. Es fehlen, wie es historisch war, die logischen Voraussetzungen für eine klare Differenzierung der Formulierungen über infinitesimale Abstände und Formulierungen über Grenzwerte.

---

[6]aus einer Ausarbeitung einer Vorlesung von Weierstraß durch H. A. Schwarz

8.3.4   Auf dem Weg in die Mengenlehre

Logisch formuliert, nach heutigem Standard, sieht Weierstraß' Stetigkeit so aus:

$$\forall \varepsilon > 0 \; \exists \delta > 0 \; \forall h \; (|h| < \delta \Rightarrow |f(x+h) - f(x)| < \varepsilon).$$

Hier wird noch etwas anderes sehr deutlich. Neben der klaren logischen Struktur in den alten Formulierungen fehlte zusätzlich *Entscheidendes:*

Betrachten wir die Quantoren $\forall \varepsilon$, $\forall h$. Was kann „$\forall \varepsilon$" bedeuten, woher kommen „alle" h? Worüber erstreckt sich der Quantor $\forall$, würden wir heute sagen. Dies ist die Frage nach klar umrissenen Definitions- und Wertebereichen. Ein Problem war, sie waren unendlich – und damals gerade dadurch *nicht klar* bestimmt. Unendlichkeit war potentiell und offen, unendliche Bereiche von Größen waren nicht abgegrenzt. Sie waren unbegrenzt und stetig wie die geometrische Gerade. Das musste sich ändern:

▶ Die Finitisierung wartete auf die infiniten Mengen.

Die ließen nicht lange auf sich warten.

Wir skizzieren die jetzt folgenden Etappen in knappen Sätzen:

▶ Cantor führte die unendlichen Mengen ein.

▶ Die reellen Zahlen wurden 1872 konstruiert.
    Die reellen Zahlen wurden in die geometrische Gerade projiziert.
    Die reellen Punkte auf der Geraden wurden zu *den* Punkten der Geraden erklärt.

▶ Die *Zahlengerade* war erfunden.

8.3.5   Das Ende der Infinitesimalien

Das war das Ende der Infinitesimalien. Denn neben den reellen Zahlen war auf der Zahlengeraden kein Platz.

▶ Die Infinitesimalien fielen buchstäblich aus dem Kontinuum heraus.

Sie waren plötzlich Fremdkörper, die weg mussten. Cantor schreibt im Jahr 1893 an Giulio Vivanti über die Infinitesimalien als

„[…] papierne Größen, die gar keine andere Existenz haben als auf dem Papiere ihrer Entdecker und Anhänger,"

und vom Infinitesimalen als dem

„infinitären Cholera-Bazillus der Mathematik". (Zitiert nach Meschkowski (1966), S. 506)

Der letzte Angriff spricht für sich. Wenn man an den mathematischen Platonisten Cantor denkt, ist die erste Formulierung nicht weniger vernichtend. Seine unendlichen Mengen waren nicht papiern, für ihn waren sie Elemente einer realen Welt realer Ideen. Leibniz, Newton und alle ihre Schüler werden zu Nominalisten gestempelt. Man realisiere die Situation: Was Cantor seinen unendlichen Mengen, die man keineswegs als „reelle Dinge zugeben" muss, platonistisch zuschrieb, spricht er den Infinitesimalien ab.

Cantors Haltung gewann die mathematische Oberhand: dx, dy verschwanden aus dem Fundament und stehen seitdem als reine Schreibfiguren auf dem Papier der Grenzwerteinstiege in die Analysis. Cantors Haltung ist heute noch präsent, wie das obige Zitat aus dem Lehrbuch (Behrends 2003) zeigt.

8.3.6 Wende im Denken

Von Leibniz' Infinitesimalien bis zu den Grenzwerten war es ein langer Weg gewesen. Es geschahen Dinge, die 1701 und noch lange danach undenkbar waren. Die Folgen für das mathematische Denken waren gravierend.

Wir geben wieder nur Stichworte an:

> Die mathematische Sprache musste mathematisch-logisch werden.
> Mengen wurden unendlich.
> Funktionen wurden infinite Wertetabellen.
> Der Zählprozess 1, 2, 3, 4, 5 . . . stand still. Er wurde zur statischen Menge $\mathbb{N} = \{1, 2, 3, 4, 5 \ldots\}$.
> Die rationalen Zahlen wurden zur Menge $\mathbb{Q}$ von Paaren natürlicher Zahlen.

Die Wirkung war:

> Folgen wurden Mengen.
> $\mathbb{R}$ wurde als Menge von Mengen (Klassen) von Mengen (Folgen) von Mengen (Paaren natürlicher Zahlen) konstruiert.
> $\mathbb{R}$ lieferte die lange gesuchten *Zahlen*, gegen die unendliche Zahlenfolgen konvergieren.
> Die *anschaulich*-geometrische Vollständigkeit wurde mengen*theoretisiert*.

▶ Die Finitisierung mündete in eine phantastische Infinitisierung, in Logik und Mengenlehre.

Wir betonen: Die Grenzwerte brauchten die reellen Zahlen. Zuvor waren die Grenzen der Grenzprozesse oft keine Zahlen, sondern „nur" Größen wie $\sqrt{2}$, von denen man nicht wusste, wie man sie mathematisch begreifen sollte.

Es war ein langer Weg – und eine *Revolution im mathematischen Denken*.

8.4   Die Rückkehr der Infinitesimalien

Die Infinitesimalien waren mathematisch verschollen. Aber es gab sie noch, in den Medien, bei Schülern, bei Physikern und Anwendern. Wir werfen einen flüchtigen Blick in die Schule. – Für Weiteres verweisen wir auf den Abschn. 3.1 in der (Handreichung 2021) und (Bedürftig und Murawski 2019, Abschn. 6.2).

8.4.1   Infinitesimales in der Schule?

In der Schule machen die Grenzwerte Probleme. Im Vergleich neigen Schülerinnen und Schüler eher zur Vorstellung infinitesimaler Zahlen als zu Grenzwerten, wie in einer empirischen Studie (Bauer 2011) zu lesen ist. Es geht darin um den wohl einfachsten Grenzwert 1 und die nach der Nullfolge ($\frac{1}{n}$) vielleicht berühmteste Folge $0,999\ldots$. Wir haben in der Einführung dieses Kapitels diese Folge verwendet, um die Differenz zwischen Grenzwert- und infinitesimaler Vorstellung und Formulierung zu sehen.

Die Frage in der Studie an 256 Gymnasiasten aus den Klassen 7 bis 12 und 50 Mathematikstudierende (nach dem 3. Semester) war, ob

a) $0,999\ldots < 1$ oder b) $0,999\ldots = 1$

ist. So fiel die Abstimmung an bayerischen *Gymnasien* aus:[7]

a) $0,999\ldots < 1$	b) $0,999\ldots = 1$	Enthaltung	ungültig
72,2 %	31,6 %	3,1 %	4,3 %

Die erste Spalte zeigt, dass Schülerinnen und Schüler tendentiell Infinitesimales denken, die zweite weist auf die Grenzwertvorstellung hin. Im Unterrichtsgang 3.1 in der (Handreichung 2021) ist eine Diskussion der $0,999\ldots$-Frage detailliert nachzulesen.

Sieht man sich die Begründungen für b) an, so sind die 31,6 % zu hoch gegriffen. Denn es handelt sich in sehr vielen Fällen um keine wirkliche Entscheidung: „Haben wir mal gelernt" ist der Kommentar, der keine Begründung ist. Andere Argumente für die Entscheidung für b) sind zum Beispiel

„Weil es *fast schon* 1 ist",
„$0,999\ldots = 1$ weil die Zahl, *die fehlt,* so unendlich klein ist"

und begründen eigentlich a). Wir bemerken die „unendlich kleine Zahl" $1 - 0,999\ldots$ in der letzten Begründung.

---

[7]Doppelnennungen ergeben in der Summe der Prozentzahlen über 100 %.

Andere Argumentationen, z. B. gelernte Beweise über $\frac{1}{3} = 0,333\ldots$, sind Scheinargumentationen. Denn sie setzen voraus, was genauso wenig geklärt ist. Die Gegenfrage nämlich wäre, warum nicht $0,333\ldots < \frac{1}{3}$ ist (s. Bedürftig und Murawski (2019), S. 411).

Schlagend für a) $0,999\ldots < 1$ ist das Argument

„*0,999... ist kein Ganzes*",

das in abgewandelter Form oft auftritt. Da ist jede mathematische Gegenargumentation über Grenzwerte sinn- und machtlos. Grenzwerte werden von Folgen schlicht nicht erreicht, selbst in diesem einfachsten Fall, wo der Grenzwert 1 vor den Füßen liegt. Unendliche Folgen sind – nicht nur für Schüler – „kein Ganzes", sondern potentiell unendlich.

Ebenso oft tritt die Vorstellung des Infinitesimalen für die Begründung von a) auf – hier explizit:

„Weil es fehlt der Zahl $0,99999999\ldots$ die Zahl $0,00000000000..1$ um genau 1 zu sein."

Man beachte die infinitesimale Zahl $0,00000000000..1$.

Selbst bei *Studierenden* der Mathematik nach dem 3. Semester, die befragt wurden, ist das Ergebnis ernüchternd:

a) $0,999\ldots < 1$	b) $0,999\ldots = 1$	Enthaltung	ungültig
50%	50%	0%	0%

Die Grenzwerte in den Vorlesungen Analysis I und II scheinen wenig nachhaltig gewesen zu sein. Die Begründungen der Studenten für ihre Entscheidungen für a) und b) ähneln denen der Schüler.

Was sehen wir in dieser kleinen Dokumentation? Wir sehen noch einmal aktuell im Denken der Schüler, was wir historisch sahen, nämlich wie sprachlich schmal die begriffliche Differenz zwischen Infinitesimalem und Grenzwert ist. In der Einleitung haben wir den schmalen Grat zwischen den Formulierungen zu beidem einander gegenübergestellt.

Das unendlich Kleine ist den Schülerinnen und Schülern offenbar nicht fremd. Unsere Erfahrungen im Unterricht mit Infinitesimalien bestätigen das (Basiner (2019), Baumann und Kirski (2016), Dörr (2017), Fuhrmann und Hahn (2019), Heinsen (2019)). Dagegen haben 90 Jahre Grenzwerte und Analysis in der Schule und ebenso viele Jahre Didaktik der Analysis offenbar wenig voran gebracht. Das Unendliche der konvergierenden Folgen und das Stetige des Strebens von Werten scheint für Schüler ein offener Prozess zu bleiben. Die Kluft zum Grenzwert ist tief. Sie wird nur scheinbar weniger tief, wenn wir immer raffiniertere dynamische Software nutzen. Diese nähert sich in *endlich vielen* Schritten dem Grenzwert – und bleibt doch *unendlich viele* Schritte davon entfernt.

Man denke an den langen Weg von der ursprünglichen Intuition des Infinitesimalen zu den formalen Grenzwerten, der 200 Jahre dauerte. Die formalisierten

Grenzwerte sind der Intuition offenbar so fern, dass selbst ihr Mathematikstudium sie kaum näher bringt. Die offizielle Rückkehr der Infinitesimalien in Lehre und Schule, so meinen wir, wäre eine Chance (vgl. Bedürftig 2018). Wir haben in der (Handreichung 2021) gezeigt, wie es geht.

8.4.2 Höhere Mathematik

Was war historisch eigentlich passiert? Manches Detail der Revolution im mathematischen Denken haben wir angedeutet. Wir schauen jetzt von ganz oben auf die Mathematik und machen uns ein grobes Bild.

Die Grundlage der alten Mathematik waren Anschauung und Wirklichkeit – und Philosophie, die die Begriffe lieferte. Arithmetik und Zahlentheorie auf der einen Seite, Geometrie und Größenlehre auf der anderen bildeten sich aus. Algebra und Analysis kamen in der frühen Neuzeit hinzu. Im 19. Jahrhundert geschah die oben beschriebene Revolution.

Das Bild der Mathematik änderte sich gravierend. Die Mathematik schuf sich ihre eigenen Grundlagen: Mengenlehre und Logik. Sie begründeten die Arithmetik. Diese sagte, was Folgen sind und das Kontinuum ist. Die Arithmetisierung, die reine Mathematik, war gelungen. Axiomatik, exemplarisch in den *Grundlagen der Geometrie* im Jahr 1899 von Hilbert vorgegeben, bildet seitdem den Rahmen der Disziplinen, zu denen die mathematischen Grundlagen, Mengenlehre und Logik, gehören. Von weit, weit oben sieht die Mathematik heute so aus:

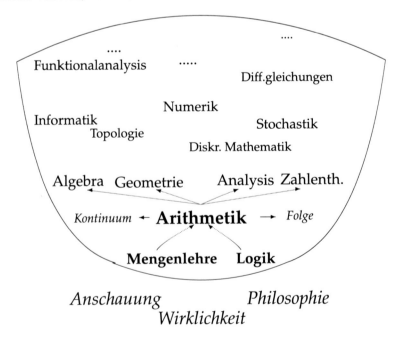

Die Grundlagen der Mathematik sind Mathematik geworden. Die reine Mathematik erhebt sich über die unreine Wirklichkeit und Anschauung – und ist von der Philosophie geschieden. Mathematik, früher geometrisch-anschaulich arbeitend und ontologisch gebunden, ist *höhere* Mathematik, ist Theorie geworden: ein theoretisches, in sich geschlossenes Corpus theoretischer Disziplinen.

Ausgangspunkt der großen Entwicklung waren die Infinitesimalien gewesen. Sie führten die Analysis im 18. und 19. Jahrhundert in große Höhen. Wir haben ihre allmähliche *Mutation,* so kann man es ausdrücken, zu den formalen Grenzwerten gesehen, die schließlich ihre infinitesimalen Vorfahren verdrängten. Die Grenzwerte und ihre begrifflich strenge Klärung führten notwendig in die neuen mathematischen Grundlagen und in eine theoretische Mathematik. Die Finitisierung mündete in eine phantastische Infinitisierung.

Jetzt können wir sagen, warum wir unseren Blick von weit oben auf die Mathematik geworfen haben. Es gibt zwei Gründe. Zuerst der schulische:

Mit den Grenzwerten trat die Formalisierung, mit den reellen Zahlen die Infinitisierung als Anspruch in den Mathematikunterricht ein. Er konnte diesem, die Entwicklung der Schülerinnen und Schüler weit überfordernden, Anspruch nie gerecht werden. Die neue, „höhere" Mathematik ist weit entfernt von der Welt der Schülerinnen und Schüler. Dem aus der Anschauung und der endlichen Wirklichkeit kommenden Denken der Schüler, das Prozesse und Folgen potentiell unendlich denkt, gelingt es in der Regel nicht, ihre Vorstellungen in die Begriffe der formalen und infinitisierten Mathematik zu übersetzen.

Der zweite Grund betrifft die weitere, rein mathematische Entwicklung:

8.4.3 Woher kommt das Infinitesimale zurück?

Die neuen Fundamente der Mathematik, *Mengenlehre und Logik,* die entwickelt wurden, um die Grenzwerte zu begründen und die unklaren Infinitesimalien zu erübrigen, eben sie haben die Infinitesimalien wieder hervorgebracht. Das Jahr 1960 etwa kann als Geburtsjahr der neuen Infinitesimalien angesehen werden. Es sind die Arbeiten von (Schmieden und Laugwitz 1958), (Robinson 1961) und (Robinson 1966), mit denen die Nonstandardanalysis beginnt.

Wie die Infinitesimalien als infinitesimale Zahlen zurückkehren, das deuten wir jetzt an.

Es handelt sich im nächsten Punkt um eine sehr knappe Darstellung, die man ohne logische und mengentheoretische Voraussetzungen, die im Studium kaum gelehrt werden, nicht ohne weiteres nachvollziehen kann – und auch nicht muss. Das sei zur Vorbereitung gesagt. Wir erwähnen hier die mathematische Herkunft der hyperreellen Zahlen zum Schluss, um die mathematische Entwicklung zu den infinitesimalen und infiniten Zahlen der Nonstandardanalysis als Ganzes zu dokumentieren – und vielleicht zum Einsteigen in die Grundlagen anzuregen. Es geht um eine *rein mathematische Hintergrundinformation,* deren mengentheoretischen Teil wir in den

Abschn. 4.3 und 4.4 genauer ausgeführt haben. Für den Unterricht und die mathematische Arbeit ist der Hintergrund kaum von Bedeutung.

8.4.4 Wie kommen die Infinitesimalien zurück?

Wir klären das Prinzip der arithmetischen Rückkehr der Infinitesimalien. Es besteht in einer *Zahlbereichserweiterung,* einer Fortsetzung also der Zahlbereichserweiterungen, die den Mathematikunterricht von Beginn an prägen:

▶ $\mathbb{R}$ wird erweitert zum angeordneten, nichtarchimedischen Körper $^*\mathbb{R}$ der hyperreellen Zahlen.

Diese hyperreellen Zahlen können wie in der (Handreichung 2021) quasi-axiomatisch eingeführt werden. Wie sie aus den Grundlagen entstehen, kann man in der Schule so wenig thematisieren wie etwa die Konstruktion der reellen Zahlen. Wir schildern die Herkunft exemplarisch und auf die wesentlichen Ideen reduziert.
    Wie erhält man die hyperreellen Zahlen $^*\mathbb{R}$? Eigentlich sehr einfach, nämlich logisch, nach *Robinson* (1961) :

▶   Man nehme ein Nichtstandardmodell von $\mathbb{R}$, der reellen Arithmetik.

Damit kann man Nichtstandard-Mathematik machen, so, wie oben angedeutet.
    Wir skizzieren der Vollständigkeit halber die *logische Rezeptur,* die das Nichtstandardmodell hervorbringt. Für die arithmetische Praxis ist die Rezeptur *irrelevant.*
    Dies sind die Schritte zum Nichtstandardmodell:

Man nehme den angeordneten Körper $\mathbb{R}$.
Man nehme $Th(\mathfrak{R})$, das sind alle arithmetischen Sätze über $\mathbb{R}$.
Man nehme $\Psi = Th(\mathfrak{R}) \cup \{0 < \underline{x}, 1 < \underline{x}, 2 < \underline{x} \ldots\}$.
Jede endliche Teilmenge von Sätzen in Ψ ist gemäß einer Interpretation β mit einem ausreichend großen $\beta(\underline{x})$ erfüllt.
Man nehme den *Endlichkeitssatz.* Der sagt:
Es gibt ein Modell $\mathfrak{B}$ von $\Psi = Th(\mathfrak{R}) \cup \{0 < \underline{x}, 1 < \underline{x}, 2 < \underline{x} \ldots\}$.
Es gilt $\mathfrak{B} \models Th(\mathfrak{R})$ und $\beta(\underline{x}) > n$ für alle n.
Man nehme $\mathfrak{B}$. $\mathfrak{B}$ ist nichtarchimedisch. Den Grundbereich nenne man $^*\mathbb{R}$.

▶   Es gibt unendlich große und unendlich kleine Zahlen.

Die *mengentheoretische Rezeptur* (Schmieden und Laugwitz 1958; Laugwitz 1986) sieht kurzgefasst so aus:

Man nehme $\mathbb{R}$.
Man nehme $\mathbb{R}^{\mathbb{N}}$, die Menge aller Folgen (a_n).
Man definiere eine geeignete Äquivalenzrelation.

Man definiere $^*\mathbb{R}$ als die Menge aller Klassen.

Also man wiederhole *im Prinzip* das, was man bei der Konstruktion von $\mathbb{R}$ aus $\mathbb{Q}$ gemacht hat. In 4.3 haben wir dieses Verfahren vorgestellt. Die Schritte der Konstruktion, die für die Praxis der hyperreellen Zahlen wieder nicht relevant sind, sind diese:

> Man nehme Cof, die Menge aller cofiniten Teilmengen von $\mathbb{N}$, das sind die Teilmengen, deren Komplement endlich ist.
> Cof ist ein freier Filter.
> Sei $(a_n) \sim (b_n) \Leftrightarrow \{n \mid a_n = b_n\} \in \text{Cof}$.
> Man nehme das Ideal $V = \{(c_n) \mid \{n \mid c_n = 0\} \in \text{Cof}\}$.
> Man nehme das Zornsche Lemma.
> Man nehme in der geordneten Menge aller feineren Filter als Cof einen maximalen Filter U.
> Man nehme das maximale Ideal V_U.
> Man nehme $^*\mathbb{R} = \mathbb{R}^{\mathbb{N}}/V_U$.
> $^*\mathbb{R} = \mathbb{R}^{\mathbb{N}}/V_U$ ist ein angeordneter, nichtarchimedischer Körper.

▶   **Es gibt unendlich große und unendlich kleine Zahlen.**

Diese mengentheoretische Konstruktion wird in (Bedürftig und Murawski 2019, Punkt 6.4.2) beschrieben und kommentiert. Durchgeführt ist sie in (Laugwitz 1986, S. 91 bis 99).

Die Konstruktion braucht im Zornschen Lemma das Auswahlaxiom (vgl. Abschn. 4.4).[8] Es geht auch ohne diesen Aufwand, in einer konservativ erweiterten Mengenlehre. Wenn man genau in die Axiomatiken schaut, wie sie in der Analysis I-Lehre üblich sind, bemerkt man, dass infinite und infinitesimale Zahlen gar nicht ausgeschlossen sind. Sie werden nur gewöhnlich nicht gesehen (s. Kuhlemann 2018b). Man macht sie sichtbar durch die Einführung eines neuen Prädikats s, das für „Standard" steht und in drei Axiomen beschrieben wird.

Soviel zum Hintergrund. Wir betonen noch einmal: Für die Praxis braucht man ihn so wenig, wie man den Hintergrund der Konstruktion der reellen Zahlen braucht. Die ersten vier Schritte in der Rezeptur sind interessant, wenn man eine mathematische Verbindung zu den Grenzwerten herstellen will (vgl. Lingenberg 2019 und Kap. 9). Nach einer eventuellen Einführung (vgl. Abschn. 3.1 in der Handreichung 2021) geht es in der mathematischen Arbeit, im Unterricht und in der Lehre allein darum, in einem Modell $^*\mathbb{R}$ zu arbeiten, wie wir es in den Unterrichtsgängen der (Handreichung 2021) getan haben.

---

[8]Zu der oft überbetonten Rolle des Auswahlaxioms vgl. Abschn. 6.5 in Bedürftig und Murawski (2019), S. 441 f.

8.5   Zur Situation heute

Wir haben gesehen, wie die Entwicklung von den Infinitesimalien zu den Grenzwerten das mathematische Denken gegen Ende des 19. Jahrhunderts verwandelt hat.
Mathematik ist höhere, reine Mathematik geworden, die Wirklichkeit und Anschauung hinter sich gelassen hat.

▶   Mathematik ist Theorie geworden.

Mit dieser Mathematik haben wir es heute im Mathematikunterricht der Oberstufe
zu tun. Sie ist in ihren grundlegenden Begriffen entfernt vom Denken der Schüler,
umso weiter entfernt, als man ihren theoretischen Charakter nicht zum Thema macht.
Probleme sind unvermeidlich. Die oft aufgeregt geführte, nicht endende Diskussion
über die Probleme im Übergang von der Schule in die Universität ist müßig, wenn
man nicht konsequent einbezieht, dass die Grundprobleme in der neuen höheren
Mathematik selbst liegen, die mit transfiniten Mengen und Elementen der Logik
arbeitet.
    Wie heute der Problematik der theoretischen, transfiniten Begriffe im Unterricht,
in der Didaktik und Methodik begegnet wird, scheint vom Übersehen der Probleme
geprägt zu sein. Wir haben das im Kap. 5 am Grenzwertbegriff und den reellen Zahlen
demonstriert. Man greift zu Kunstgriffen, die zweifelhaft, ja mathematisch illegitim
sind (vgl. Bedürftig 2018). Vor dem Grenzwertbegriff hat man kapituliert, indem
man einen „propädeutischen Grenzwertbegriff" eingeführt hat, der kein Begriff ist.
    Auch wir konnten und können in der Handreichung (2021) dieser Problematik im
Grunde nicht ganz entgehen. Für jeden Einstieg in die Analysis ist sie in den reellen
Zahlen präsent, die in der 9. Klasse „eingeführt" werden (vgl. Bedürftig 2018). Auch
wir haben die reellen Zahlen für unseren Nonstandard-Einstieg vorausgesetzt – und
wir müssen dies tun, wie immer sie auch eingeführt sein mögen.
    Interessant ist jetzt aber, dass wir in der Handreichung (2021) einen Einstieg in
die Analysis vorstellen, der, anders als der Grenzwerteinstieg, die Problematik der
formalen und transfiniten Begriffe nicht hat. Sie ist in der Arithmetik der hyperreellen Zahlen aufgehoben. Gemeinsam mit den Schülerinnen und Schülern wird im
Abschn. 2.3 der Handreichung (2021) diese *Arithmetik* entwickelt, die dann beim
Differenzieren und Integrieren verwendet wird, ohne an die Grenzen der Logik und
der unendlichen Folgen zu stoßen. Die methodischen und didaktischen Vorzüge des
Nonstandardeinstiegs werden in der Handreichung (2021, Kap. 4) diskutiert.

8.5.1   Infinitesimale Zahlen *und* Grenzwerte

Der Nonstandardansatz zum Einstieg in die Analysis ist eine Alternative zum Grenzwerteinstieg, schließt ihn aber nicht aus. Er ist eine Erweiterung des Grenzwertein-
stiegs. Das zeigt $^*\mathbb{R}$ als Erweiterung von $\mathbb{R}$ und das zeigen die Kap. 9 bis 11. Was
man standard mit Grenzwerten macht, kann man nach Nonstandard in die hyperreelle
Arithmetik übersetzen.

Die Grenzwerte, die man aus Gründen der Vorbereitung auf das Studium und der in Grenzwerten geschriebenen Analysis nicht erübrigen kann, erhalten in den infinitesimalen und hyperreellen Zahlen ein Gegenüber – etwa so, wie wir die Nachbarschaft, ja Verwandtschaft historisch beobachtet haben. Warum sollen Schülerinnen und Schüler nicht denken wie Cauchy und Weierstraß und sich, wie diese, dann auf den Weg zu den Grenzwerten machen? Der Übergang von einer hyperreellen Zahl zu einer reellen Zahl, dem Standardteil, ist von der Vorstellung des Fließens und Näherns an einen Grenzwert nicht weit entfernt. Wir erinnern an das historische Cauchy-Prinzip oben, das genau das ausdrückt.

Wenn man es aus der Grenzwerttradition so will, kann man diesen Übergang zum reellen Standardteil dem propädeutischen Grenzwertbegriff zuordnen. Lässt man sich darauf ein, stellt sich heraus, dass sofort die hyperreelle Arithmetik zur Verfügung steht und den Grenzwertformalismus erübrigt. Warum nicht die arithmetische Möglichkeit ergreifen, statt vor dem Grenzwertformalismus in entscheidenden Beweisen zu kapitulieren? Wir haben bei den Regeln der Differentiation und am Hauptsatz im Kap. 2 gesehen, wie elementar die Beweise werden. Weitere Beispiele im Abschn. 9.4 und im Kap. 11 bestätigen dies.

Infinitesimalien und infinite Zahlen machen Beweise einfacher und erleichtern Entdeckungen (vgl. K. Gödel im Vorwort zur 2. Auflage von (Robinson 1966)). Sie erweitern das mathematische Instrumentarium und vertiefen die Anschauung. Historisch können wir vermuten, dass der Aspekt der Anschauung eine wesentliche Kraft in den Fortschritten der Analysis im 18. Jahrhundert war. Auch heute ist dieser Aspekt wesentlich, gerade für die Schule. Anschauung ist eine wesentliche Quelle unserer mathematischen Inspiration wie der unserer Schülerinnen und Schüler.

8.5.2 Widerstände

Nonstandard erweitert und vertieft das mathematische Denken. Das unendlich Kleine, ein traditionelles, effektives Element des mathematischen Denkens, entsteht neu. Nonstandard hebt mathematisch verfestigte Vorstellungen auf, die uns manchmal gar nicht bewusst sind. Die Zahlengerade ist das Standardbeispiel dafür. Sie ist die Identifikation von Zahlen und Punkten, von $\mathbb{R}$ und Gerade, von Arithmetik und Geometrie. Nonstandard befreit das lineare Kontinuum von dieser „Besetzung" durch Zahlen. Die Zahlengerade wird wieder zum *offenen Medium* der Veranschaulichung von Zahlen, auch der hyperreellen Zahlen, als Punkte. Das Kontinuum ist keine Punktmenge mehr (Bedürftig 2021). Setzt man $\mathbb{R}$ oder $^*\mathbb{R}$ als Modell der Geraden, so ist sie nur theoretisch – und vorübergehend – eine Zahlen- und Punktmenge.

Wieso, wenn alles so überzeugend ist, macht man Nichtstandard nicht schon längst? Man muss unterscheiden: In der mathematischen Forschung wird schon lange nonstandard gearbeitet – von Spezialisten. Von „allgemeinen" Mathematikern, Dozenten und Lehrern jedoch wird Nonstandard noch immer nicht wahrgenommen oder nicht ernstgenommen. Es scheint vielmehr Widerstand zu geben. Der kommt aus den Grenzwertbiographien. In der langen Phase der Grenzwertmathematik haben sich Grundvorstellungen und „Glaubenssätze" ausgebildet, die die

Erweiterung von Standard um Nonstandard untergräbt (vgl. Bedürftig und Kuhlemann 2020, Kap. 8). Beispiele: Zahlen sind endlich, die reellen Zahlen sind
die Zahlengerade (s. o.), Punkte sind ausdehnungslos, dx, dy sind bloße Zeichen,
$0,999\ldots = 1$, Achilles überholt die Schildkröte, Nichtstandard ist nicht Standard,
Grenzwerte sind alternativlos. Das sind Grundvorstellungen, die oft nicht bewusst
und jetzt bedroht sind. Entsprechend „allergisch" fällt manchmal die Abwehr aus.

Gern verweist man auf die komplizierte Konstruktion der hyperreellen Zahlen
und das Auswahlaxiom, das die Konstruktion braucht. Zuerst übersieht man dabei,
dass in der Analysis das Auswahlaxiom wie selbstverständlich verwendet wird (z. B.
Überabzählbarkeit, Äquivalenz von Stetigkeitsdefinitionen). Das gilt für alle Bereiche der Standardmathematik (vgl. Bedürftig und Murawski 2019, S. 307). Dann ist
der Hinweis so nicht richtig. Die Konstruktion in (Kuhlemann 2018b) braucht das
Auswahlaxiom so wenig oder soviel wie die reellen Zahlen. Schließlich spielt das
Auswahlaxiom für die praktische Nichtstandard-Arbeit keine Rolle (vgl. Bedürftig
und Murawski 2019, S. 443). Es ist Axiom im Hintergrund der Axiomatik der reellen
Zahlen, für die beide, $\mathbb{R}$ wie $^*\mathbb{R}$, Modelle sind (vgl. Bedürftig und Murawski 2019,
S. 384 ff).

Oft ist es so, dass Nonstandard als „nur" logische Erscheinung wahrgenommen
wird, da sie, wie man meint, in „nur" logisch aufgefundenen Modellen stattfindet.
Logik und Modelltheorie genießen unter Mathematikern oft eine eher distanzierte
Anerkennung, da sie, wie man meint, für die mathematische Praxis nicht relevant
ist. Selbst aber, wenn etwas modelltheoretisch nachgewiesen wird, ist es nicht nötig,
Modelltheorie zu betreiben, wenn man fundiert arbeiten will. Das Arbeiten im Modell
braucht weder Konstruktion noch Modelltheorie (vgl. Bedürftig und Murawski 2019,
Abschn. 6.5). Das eigenartige und schlagende Beispiel ist die ZF-Mengenlehre, die
man in der Mathematik ohne Bedenken als universellen Hintergrund akzeptiert,
obwohl man weiß, dass es gar kein Modell gibt. Man tut so, als wenn es eines
gäbe.

Es ist für die Haltungen gegen Nonstandard charakteristisch, dass, ohne die mathematische Umgebung offenbar hinreichend zu prüfen, ein Urteil gefällt wird. Wir
haben schon darauf hingewiesen: Es sind offenbar unsere Grenzwertbiographien,
die opponieren. Es scheint mehr um Abwehr als um Argumente zu gehen.

Gegen alle Widerstände und mathematische Emotionen sei schließlich auf K.
Gödel verwiesen, der es als „Kuriosität" (oddity) bezeichnete, dass es bis zu einer
exakten Theorie der Infinitesimalien 300 Jahre brauchte (vgl. Gödel a.a.O). Er sah
Nonstandard als Analysis der Zukunft.

8.6 Schluss

Zu Beginn haben wir mit historischem Abstand auf die Begriffe des Infinitesimalen und des Grenzwertes und auf die weitere historische Entwicklung geschaut. In
dieser historischen Position entsteht so ein gewisser Abstand auch gegenüber dem
aktuellen Stand der Begriffe und führt, wie Ernst Mach es im Eingangszitat ganz
allgemein sagte, zu einer freieren und wohl auch richtigeren Beurteilung über ihren

Zusammenhang. Mathematisch werden heute Infinitesimalien und Grenzwerte wie Feuer und Wasser unterschieden, so, als wenn es einen Zusammenhang nicht gäbe. Oft werden Infinitesimalien erst gar nicht wahrgenommen oder sie werden mystifiziert. Im Kap. 2 der Handreichung (2021) hingegen haben wir gesehen, wie mathematisch klar und elementar sie sind.

Natürlich können wir infinitesimale Abstände und Grenzwerte präzise unterscheiden, aber, wie ihre berühmten Vorfahren, tun dies in der Regel die Schülerinnen und Schüler nicht, da ihnen dazu die logischen und mengentheoretischen Voraussetzungen fehlen. Und sie müssen es nicht tun. Sie werden mit infinitesimalen und infiniten Zahlen rechnen und dann, wie das Cauchy-Prinzip es sagt, den Übergang zu den Standardteilen, den reellen Grenzwerten, machen. Ob sie dabei an Fließen oder Nähern wie im propädeutischen Grenzwertbegriff denken, ist nicht von Belang. Der Übergang – nähernd, fließend oder unmittelbar – ist arithmetisch gesichert.

Eine ganz allgemeine Einsicht, die wir aus unserer historischen Beobachtung gewonnen haben, sollte uns immer bewusst sein: Mathematik ist in der Wende vom 19. zum 20. Jahrhundert höhere Mathematik geworden – transfinit, logisch und mengentheoretisch.

▶ Für Schülerinnen und Schüler ist es ein hoher, oft unerreichbarer Anspruch, ihre Anschauungen und Vorstellungen in die Sprache dieser Mathematik zu übertragen.

Man denke nur an den Begriff der Stetigkeit, in dem die Problematik und die des Grenzwertbegriffs überdeutlich wird. Die Problematik der Stetigkeit haben wir im Kap. 7 dargestellt.

Für den Nonstandardansatz, den Ansatz der Handreichung (2021) gibt es die Problematik des Logischen, des Mengentheoretischen und auch des Transfiniten so nicht. Unser Ansatz ist arithmetisch. Die Problematik aber liegt vor diesem Ansatz, nämlich in der Theorie der reellen Zahlen, die wir voraussetzen. Eine Einführung von $\mathbb{R}$ zu entwerfen – ohne zweifelhafte und illegitime Kunstgriffe –, ist eine fundamentale Aufgabe. Wir planen, eine kleine Handreichung dazu zu erarbeiten. Eine mathematische Konstruktion werden wir im Unterricht nicht erreichen, da dazu die mengentheoretischen Mittel fehlen. Aber sichtbar machen kann man die Erfindung der reellen Zahlen und versuchen, einen axiomatischen Hintergrund für die reelle Arithmetik gemeinsam mit den Schülern zu entwickeln.

Grenzwert von Folgen und Standardteil

Thomas Bedürftig

Im Abschn. 3.7 der Handreichung (2021) werden ganz konkret in Aufgabenlösungen Grenzwertbildung, also die Limesschreibweise, und die Bildung des Standardteils nebeneinander gestellt und Unterschiede, aber auch Übereinstimmungen festgestellt. Der fundamentale Unterschied – neben den technischen Vorteilen – ist, dass der Limesbegriff nur propädeutisch zur Verfügung steht, während der Standardteil Teil des Rechnens mit hyperreellen Zahlen ist, das im Abschn. 2.3 der Handreichung (2021) fundiert eingeführt ist.

In diesem Kapitel untersuchen wir den begrifflichen Zusammenhang von Grenzwert von Folgen und Standardteil. Wir setzen dabei die ersten Schritte aus der Konstruktion der hypernatürlichen und der hyperreellen Zahlen voraus, über die in Abschn. 4.3 berichtet wird. Hypernatürliche und hyperreelle Zahlen werden, damit beginnt jeweils die Konstruktion, durch *Folgen* natürlicher und reeller Zahlen *repräsentiert*.

9.1 Zusammenhang

Eine Verbindung vom Grenzwert zum Standardteil ist sofort klar.

Satz 9.1 Ist (a_n) eine *reell* konvergente Folge mit dem Grenzwert a, dann repräsentiert (a_n) *hyperreell* eine Zahl α mit dem Standardteil $st(\alpha) = a$.

T. Bedürftig (✉)
Institut für Didaktik der Mathematik und Physik, Universität Hannover, Hannover, Niedersachsen, Deutschland
E-mail: beduerftig@idmp.uni-hannover.de

© Der/die Autor(en), exklusiv lizenziert durch Springer-Verlag GmbH, DE, ein Teil von Springer Nature 2022
T. Bedürftig et al. (Hrsg.), *Über die Elemente der Analysis – Standard und Nonstandard*,
https://doi.org/10.1007/978-3-662-64789-9_9

Wir nehmen hier und im folgenden im Wechsel zwei Positionen ein:

[r] eine **reelle Position**, in der Folgen konvergieren (oder nicht), und
[h] eine **hyperreelle Position**, in der Folgen hyperreelle Zahlen repräsentieren.

Die jeweilige Position kennzeichnen wir jeweils mit [r] oder [h].

Beispiel

[r] Nehmen wir die Folge der Partialsummen
$(s_n) = \sum_{i=1}^{n} \frac{9}{10^i}$, die zu $0{,}999\ldots = \sum_{i=1}^{\infty} \frac{9}{10^i}$ gehören.
Es ist bekanntlich $\lim\limits_{n \to \infty} (s_n) = 1$.
[h] Wird σ durch (s_n) repräsentiert, dann ist $st(\sigma) = 1$.

Beweis

[r] Es ist $(1; 1; 1; \ldots) - (s_n) = (\frac{1}{10^n})$.
[h] Sei δ durch $(\frac{1}{10^n})$ repräsentiert. Es ist $\delta \simeq 0$, also unendlich klein. Denn für jede noch so kleine reelle Zahl $\varepsilon > 0$ ist $\delta < \varepsilon$, da fast alle, nämlich bis auf endlich viele, Folgenglieder $\frac{1}{10^n} < \varepsilon$ sind. Also ist $1 - \sigma \simeq 0$, d. h. $\sigma \simeq 1$ und $st(\sigma) = 1$.

Dieser Beweis ist exemplarisch für den Fall, [r] dass eine Folge (a_n) gegen a konvergiert. Denn immer bildet die Differenz $(a; a; a; \ldots) - (a_n)$ eine Nullfolge. [h] Nullfolgen repräsentieren unendlich kleine hyperreelle Zahlen. Damit ist der Satz 9.1 oben bewiesen. $\square$

Gilt auch die *Umkehrung* – und damit eine Äquivalenz von Grenzwert und Standardteil?

▶   *Frage:* [h] Wenn (a_n) eine Zahl α mit dem Standardteil $st(\alpha) = a$ repräsentiert, [r] ist dann (a_n) eine konvergente Folge mit dem Grenzwert a?

▶   *Antwort:* Nein!

Denn unsere Überlegungen in Abschn. 4.4.3 haben gezeigt, dass finite hyperreelle Zahlen in $^*\mathbb{R}$ auch durch nicht konvergente Folgen repräsentiert werden können. Drastisches Beispiel: Die Folge $(-1)^n = (-1; 1; -1; 1; \ldots)$ könnte die 1 repräsentieren.
    Dennoch werden wir eine Art Umkehrung formulieren können. Dazu nehmen wir jetzt die *Vorteile der hyperreellen* Position in Anspruch und bemerken zuerst, [h] dass wir die hyperreelle Zahl, die durch (a_n) repräsentiert wird, mit a_Ω bezeichnen können. Denn die Folge der Indizes, $(n) = (1; 2; 3; \ldots)$, repräsentiert Ω (s. Abschn. 4.3.1). Teilfolgen $(2n)$ und $(2n + 1)$ repräsentieren 2Ω und $2\Omega + 1$, (2^n) die

hyperreelle Zahl (2^Ω). Beliebige Teilfolgen (k), (l), (m) der Folge (n) der natürlichen Zahlen repräsentieren hyperreelle Zahlen κ, λ, μ. Wir haben transfinite Indizes zur Verfügung, die zu Teilfolgen von $(n) = (1; 2; 3; 4; \ldots)$ gehören.

Wir vereinbaren die

Bezeichnung Mit a_μ bezeichnen wir die hyperreelle Zahl, deren transfiniter Index μ durch eine unendliche Teilfolge (m) von $(n) = (1; 2; 3; 4; \ldots)$ repräsentiert wird.

Mit dieser Vereinbarung können wir jetzt den „Hauptsatz" in dieser Sache formulieren.

Satz 9.2 [h] Für alle a_μ gilt $st(a_\mu) = a$ *genau dann*, [r] *wenn* (a_n) eine konvergente Folge mit dem Grenzwert a ist.

Die Folgerung $\Leftarrow$ von rechts nach links ist klar. Denn jede Teilfolge (a_m) von (a_n) konvergiert gegen a. Daher gilt, wie Satz 9.1 sagt, $st(a_\mu) = a$.

Der Beweis der anderen Richtung $\Rightarrow$ verläuft indirekt und ist nur wenig komplizierter.

Beweis ($\Rightarrow$):

> Wir nehmen an, (a_n) konvergiert nicht gegen a. Dann gibt es ein ε_0 so, dass für alle N ein $l > N$ existiert mit $|a_l - a| \geq \varepsilon_0$. Aus diesen l bilden wir eine neue Teilfolge (a_l) mit $|a_l - a| \geq \varepsilon_0$ für alle l. Zur Folge (a_l) gehört die Zahl a_λ. Es ist $|a_\lambda - a| \geq \varepsilon_0$.
> Nach Voraussetzung aber ist $st(a_\lambda) = a$, d.h. es ist $a_\lambda - a \simeq 0$ infinitesimal, also bestimmt $|a_\lambda - a| < \varepsilon_0$.
> Das ist der *Widerspruch*. $\qquad\qquad\qquad\qquad\qquad\qquad\qquad\qquad\square$

9.2 Kommentar

„Grenzwert oder Standardteil?" hieß die Eingangsfrage. Was haben wir erfahren?

Wir sehen, wie eng beide Begriffe zusammenhängen – und sehen speziell, dass wir den Standard-Begriff des Grenzwertes nonstandard durch den Begriff des Standardteils erfassen können.

Definition 9.1 (Grenzwert nonstandard). [r] Sei (a_n) eine reelle Folge mit Teilfolgen (a_m) und den [h] zugehörigen hyperreellen Zahlen a_μ. Ist für alle *hyperreelle* a_μ der Standardteil $st(a_\mu) = a$, [r] dann heißt a der Grenzwert der Folge (a_n).

W. Lingenberg in (Lingenberg 2019) schlägt diese Definition, etwas anders formuliert, so vor. Keinesfalls aber ist diese Nichtstandard-Definition eine Erhellung des Standard-Grenzwertbegriffs, der den Zugang für Lernende erleichtern könnte. Das ist auch nicht die Intention des Artikels (Lingenberg 2019). Das Ziel ist vielmehr zu zeigen, dass der Grenzwertbegriff in einem Nonstandard-Ansatz, wie er im Kap. 2 entwickelt ist, enthalten ist und daher der Unterricht „den gegebenen Erfordernissen von Lehrplänen und Zentralabitur gerecht werden kann" (S. 17). Die Handreichung (2021) zeigt: Unser Ansatz *wird* den Erfordernissen gerecht.

Wir können mehr sagen.

▶ Der Satz 9.2 und die Definition 9.1 bedeuten, dass unser Nonstandard-Ansatz eine *echte Erweiterung* von Standard ist.

Denn er erfasst den Grenzwertbegriff und damit alles weitere in der Analysis. Im Prinzip kann das sogar geschehen, ohne den Begriff des Standard-Grenzwertes überhaupt erwähnen zu müssen. Für uns reicht der arithmetische Begriff des Standardteils, mit dem alles, was Standard ist, erarbeitet werden kann. Er eröffnet zudem den Blick in einen mathematischen Bereich, der Standard verschlossen ist. Ein zentrales Beispiel sehen wir jetzt.

9.3   Folgen mit infiniten Folgengliedern

Es mag aufwendig und befremdlich wirken, dass in Satz 9.2 auf alle Teilfolgen und die zugehörigen hyperreellen Zahlen a_μ zurückgegriffen wird. Das ist der Konstruktion von $^*\mathbb{R}$ geschuldet. Wir können es aber auch anders sehen: Der Rückgriff ist vielmehr der Hinweis auf die besondere Arbeitsweise des Nichtstandardzugangs: [r] Teilfolgen (a_m) konvergenter Folgen (a_n) sind per se konvergent, [h] umgekehrt schaut Nichtstandard *tiefer* in die Folge (a_n) hinein.

In unserer Position [h] erfassen wir alle Teilfolgen (a_m) und die zugehörigen hyperreellen Zahlen a_μ. Sie sind neue, transfinite Folgenglieder, die die Folge (a_n) im Infiniten fortsetzen. Wir können zu Folgen (a_n) übergehen, [h] in denen die Indizes n aus $^*\mathbb{N}$ stammen – [r] zu denen natürlich auch die $n \in \mathbb{N}$ gehören. Konvergenz können wir hyperreell dann auf der Basis von Satz 9.2 sehr kurz so fassen:

Definition 9.2 (Grenzwert hyperreell). [h] (a_n) konvergiert gegen a, wenn $a_\mu \simeq a$ für alle infiniten μ.

Wir bemerken, dass wir mit den infiniten Folgengliedern den Folgenbegriff hyperreell erweitert haben: Folgen sind Abbildungen $a : {}^*\mathbb{N} \to {}^*\mathbb{R}$, deren Bilder wir wie oben und wie gewöhnlich mit a_n, a_m, a_v, a_μ bezeichnen können. Ihre Konvergenz ist rein arithmetisch formuliert. Die hyperreelle Definition 9.2 spiegelt den historischen Umgang mit dem Grenzwert wieder.

9.4 Anwendung

Zum Schluss zeigen wir, wie nützlich die Nonstandard-Definitionen des Grenzwerts sind.

An „gewöhnlichen" Folgen, wie im folgenden Beispiel 1, und Gegenbeispielen wie $((-1)^n)$ erkennen Schülerinnen und Schüler schnell, dass Teilfolgen konvergenter Folgen konvergent sind.

Beispiel 1
Dass $(a_n) = (\frac{n}{n+1})$ und mit (a_n) jede Teilfolge gegen 1 konvergiert, ist intuitiv schnell klar. Der Beweis, der kaum notwendig erscheint, sieht so aus: Es ist

$$a_\mu = \frac{\mu}{\mu + 1} = \frac{1}{1 + \frac{1}{\mu}} \simeq 1$$

für jedes infinite μ. Die hyperreelle Definition 9.2 sagt, dass 1 der Grenzwert ist.

Beispiel 2[1]
Interessanter ist die Folge $(b_n) = (\sqrt{n} \cdot (\sqrt{n+1} - \sqrt{n}))$. Wir setzen μ ein und bauen dann um:

$$\sqrt{\mu} \cdot (\sqrt{\mu + 1} - \sqrt{\mu}) = \frac{\sqrt{\mu} \cdot (\sqrt{\mu + 1} - \sqrt{\mu}) \cdot (\sqrt{\mu + 1} + \sqrt{\mu})}{\sqrt{\mu + 1} + \sqrt{\mu}} =$$

$$\frac{\sqrt{\mu}}{\sqrt{\mu + 1} + \sqrt{\mu}} = \frac{1}{\frac{\sqrt{\mu+1}}{\sqrt{\mu}} + 1} = \frac{1}{\sqrt{1 + \frac{1}{\mu}} + 1} \simeq \frac{1}{2}.$$

Man kann mit beliebigem infinitem μ so rechnen. Also ist der Grenzwert $\frac{1}{2}$.

Beispiel 3
Wie effizient die hyperreelle Definition 9.2 der Konvergenz sein kann, zeigt diese Beobachtung: Sei $r \in \mathbb{R}$ und (c_n) die Folge (r^n). Hat die Folge einen Grenzwert c, so muss gelten

$$c \simeq r^\mu \simeq r^{\mu+1} = r \cdot r^\mu \simeq r \cdot c.$$

Was bedeutet das? Es gibt zwei Möglichkeiten. Fall 1: $c = 0$. Fall 2: $c \neq 0$. Dann folgt $r = 1$.
Daraus können wir folgenden *Schluss* ziehen: Ist $|r| < 1$, so konvergiert (r^n) gegen 0, ist $|r| > 1$, so divergiert (r^n). Fragen, mit denen man im Unterricht einsteigen kann, sind z. B.: Konvergiert $(1{,}00001)^n$, konvergiert $(0{,}99999)^n$?

---

[1] Die folgenden Beispiele haben S. Basiner und V. Fuhrmann vorgeschlagen – s. auch Handreichung (2021), 3.7.

Beispiel 4
Die Fibonacci-Folge (0, 1, 1, 2, 3, 5, 8, . . .) – jedes Folgenglied ab dem dritten
ist die Summe der beiden vorgehenden – ist ein beliebtes Experimentierfeld.
Ein Experiment ist die Untersuchung der Folge von Brüchen mit versetzter
Fibonacci-Folge in Zählern und Nennern:

$$\left(\frac{0}{1}, \frac{1}{1}, \frac{1}{2}, \frac{2}{3}, \frac{3}{5}, \frac{5}{8}, \cdots \right).$$

Man experimentiert und findet die Rekursion $f_{n+1} = \frac{1}{1+f_n}$.
Frage: Hat die Folge (f_n) einen Grenzwert? Wir nehmen einmal an, (f_n) hätte
einen Grenzwert, sagen wir f. Für jedes infinite μ gilt dann

$$f_\mu \simeq f_{\mu+1} = \frac{1}{1 + f_\mu}.$$

Dann ist

$$f = \frac{1}{1 + f}, \quad \text{daher} \quad f^2 + f - 1 = 0 \text{ und } f = \frac{\sqrt{5} - 1}{2}.$$

Wegen der positiven Folgenglieder kommt nur die positive Wurzel in Frage. f
ist die Verhältniszahl des goldenen Schnitts.
Aber langsam! Unser Verfahren zur Berechnung von f beruhte auf der *Annahme*,
dass (f_n) einen Grenzwert *hat*. Ist unsere Annahme richtig?
Man experimentiere weiter![2]

---

[2]Ist die Folge (f_n) beschränkt, ist sie monoton, oder ist sie eine Cauchyfolge? Die Frage nach
der Vollständigkeit entsteht. – Ein anderes Experiment, mit der Binet-Darstellung der Fibonacci-
Folge, finden wir im Abschn. 3.7 der Handreichung (2021). Ein Beweis der Konvergenz steht in
Abschn. 11.4.2, Beispiel 11.5.

Limes im Hyperreellen

10

Stefan Basiner und Thomas Bedürftig

Zum Abschluss unserer Darstellung begrifflicher und historischer Hintergründe unseres Nonstandard-Einstieges gehen wir noch einmal ein auf den Grundbegriff der Standard-Analysis, den Grenzwert oder Limes, hier auf Grenzwerte bei Funktionen. In Abschn. 2.2.1 haben wir den Folgengrenzwert bei Funktionen unterschieden vom ε-δ-Grenzwert. Wo findet man letzteren im Hyperreellen wieder? Das ist die Frage dieses Kapitels. Zunächst aber kurz zum Folgengrenzwert.

10.1 Folgengrenzwert

Wir blicken zurück auf Situationen, in denen Grenzwerte und hyperreelle Begriffe direkt einander gegenüber standen. In der Handreichung (2021) geschah das oft (Abschn. 2.1 und 2.2 methodisch, Abschn. 3.7 explizit). Im Kap. 9 haben wir die Schreibweisen lim und *st* nebeneinander gestellt und gesehen, wie sie ineinander übersetzt werden konnten. „lim" zu schreiben, deutet das *Streben eines Prozesses* gegen einen Grenzwert an, „*st*" den *arithmetischen Übergang* von einer hyperreellen Zahl zum Standardteil.

Denken wir an die Konstruktion der hyperreellen Zahlen und daran, dass sie durch Folgen repräsentiert werden, ist der Zusammenhang sofort da: $st(\alpha)$ für eine hyper-

S. Basiner (✉)
Witten, Nordrhein-Westfalen, Deutschland
E-mail: basiner@t-online.de

T. Bedürftig
Institut für Didaktik der Mathematik und Physik, Universität Hannover, Hannover, Niedersachsen, Deutschland
E-mail: beduerftig@idmp.uni-hannover.de

T. Bedürftig et al. (Hrsg.), *Über die Elemente der Analysis – Standard und Nonstandard*, https://doi.org/10.1007/978-3-662-64789-9_10

reelle Zahl α ist der Folgengrenzwert $\lim_{n\to\infty_n}$ einer Folge (a_n) (oder einer Teilfolge), die α repräsentiert. Diesen Zusammenhang haben wir im Abschn. 9.1 des vorigen Kapitels genutzt und weitergeführt bis zu einer hyperreellen Definition des Folgengrenzwertes (s. Abschn. 9.3). Wir können es so sagen: Der reelle Folgengrenzwert $\lim_{n\to\infty} a_n$ findet sich hyperreell wieder in den hyperreellen Zahlen a_μ, die von den Teilfolgen (a_m) der Folge (a_n) repräsentiert werden. Wie effektiv das ist, haben wir in Abschn. 9.4 an Beispielen gesehen.

10.2 ε-δ-Grenzwert

Noch aber stehen ε-δ-*Grenzwert* und *Standardteil* einander gegenüber. Auch wenn wir Folgengrenzwert und ε-δ-Grenzwert gewöhnlich äquivalent verwenden, so ist es doch interessant und relevant, dass der Beweis der Äquivalenz relativ starke mengentheoretische Mittel braucht, z. B. das Auswahlaxiom. Das spiegelt sich in den sehr unterschiedlichen Vorstellungen zu beiden Begriffen wider: Bei $\lim_{x\to x_0} f(x)$ denken wir an ein kontinuierliches „Fließen" oder „Streben", bei $\lim_{n\to\infty} f(x_n)$ an ein schrittweises, diskretes Annähern. Die Äquivalenz ist in der Tat nur *mengentheoretisch*: Sie besteht darin, dass wir in die „fließenden x" *alle* möglichen Schrittfolgen (x_n) gesetzt denken, mit denen wir das Fließen diskret simulieren.

Der ε-δ-Grenzwert besitzt eine eigene, einfache, praktische und ε-δ-freie Übersetzung ins Hyperreelle.

Beispiel Stetigkeit

Erinnern wir uns, wie knapp und einfach der Begriff der Stetigkeit im Abschn. 7.3 hyperreell gefasst werden konnte. Man musste nur auf die infinitesimale Nachbarschaft $f(x_0 + \delta) \simeq f(x_0)$ eingehen und ersparte sich dadurch eine komplizierte Definition von Stetigkeit über ε-δ-Aussagen und die abstrakte Limes-Schreibweise. Daher ist die Frage berechtigt, ob und wo überhaupt diese traditionellen Umstände nötig sind, wenn sie ohne Verlust durch eine einfachere, hyperreelle Vorgehensweise ersetzt werden können.

Wenn wir alltäglich mit reellen Zahlen rechnen, so vergegenwärtigen wir uns auch nicht, dass sie vielleicht über Dedekindsche Schnitte oder mittels Cauchy-Folgen definiert worden sind. Dass etwa die Konvergenz rationaler Folgen (q_n) gegen eine reelle Zahl r – also $\lim_{n\to\infty} q_n = r$ – gleichbedeutend mit $(q_n) \in r$ ist (s. Punkt 4.2.1), interessiert uns nicht. Wir haben es vergessen oder davon abstrahiert, halten uns von der eigenartigen Beziehung fern und bevorzugen das unmittelbar vor uns Liegende.

Woran liegt es, dass der Stetigkeitsbegriff in $^*\mathbb{R}$ eine so einfache Form annimmt?

Wenn „stetig" nicht als Grundbegriff begriffen wird – wie in der alten Mathematik oder in der natürlichen Auffassung von Lernenden (vgl. Abschn. 7.1) –, wenn man also versucht, Stetigkeit zu beschreiben, wird man einen Punkt x_0 in eine stetige Linie setzen und beobachten, was in der Umgebung passiert. Am Beispiel einer Funktion $f : D \to \mathbb{R}$ (z. B. der „identischen Funktion" $id : x \to x$), deren Graphen wir uns heute „punktweise" vorstellen, wird das deutlich: f ist stetig in x_0, wenn der Funktionswert $f(x)$ für ein x in einer „Umgebung" von x_0 in einer „Umgebung" von $f(x_0)$ liegt. Umgebungen gehen in Umgebungen über. Das präzise auszudrücken, ist standardmathematisch umständlich und quasi „umgekehrt" gedacht. Die topologische Definition ist:

▶ f ist stetig in x_0, wenn es für jede offene Umgebung V von $f(x_0)$ eine offene Umgebung U von x_0 gibt mit $f(U) \subseteq V$.

Denkt man quantitativ, d.h. metrisch an ε- und δ-Umgebungen, steht die ε-δ-Definition da:

▶ $\forall \varepsilon > 0 \ \exists \delta > 0 \ \forall x \ (|x_0 - x| < \delta \Rightarrow |f(x_0) - f(x)| < \varepsilon).$

Was für ein topologisches oder metrisches Verständnis von Stetigkeit erst aufwendig und indirekt hergestellt werden muss, liefert die Nachbarschaftsrelation $\simeq$ in $^*\mathbb{R}$ direkt:

▶ f ist stetig in x_0, wenn aus $x \simeq x_0$ folgt: $f(x) \simeq f(x_o)$.

Wir denken an eine *infinitesimale* Umgebung von x_0, die so genannte „Monade" der infinitesimal benachbarten x um x_0 und die Monade der infinitesimal benachbarten $f(x)$ um $f(x_0)$.

Bezeichnung Mit $\{\simeq x_0\}$ und $\{\simeq (f(x_0)\}$ bezeichnen wir die Monaden der infinitesimal benachbarten x und $f(x)$.[1]

Dann sieht die Stetigkeit von f in x_0 so aus:

Definition f ist stetig in x_0, wenn $f(\{\simeq x_0\}) \subseteq \{\simeq (f(x_0)\}$.

Diese Formulierung der Stetigkeit drückt genau das aus, was unserer ersten naiven Annäherung an die Vorstellung von Stetigkeit entspricht: Der Funktionswert $f(x)$ für ein x in einer Umgebung von x_0 liegt in einer Umgebung von $f(x_0)$. Umgebungen gehen in Umgebungen über.

Wir sehen hier, dass wir speziell die Schreibweise $\lim_{x \to x_0} f(x)$ knapp und treffend durch $f(\{\simeq x_0\})$ ersetzen können.

Zum Schluss stellen wir mögliche hyperreelle Schreibweisen und geläufige Limesschreibweisen einander gegenüber.

---

[1] Oft wird auch die weniger flexible Bezeichnung *monad(x)* (vgl. Keisler 2000, S. 2) verwendet.

10.3 Limesschreibweisen hyperreell geschrieben

Um auch Schreibweisen wie $\lim\limits_{x\to\infty} f(x)$ oder $\lim_{x\nearrow x_0} f(x)$ für den linksseitigen Limes hyperreell zu erfassen, schlagen wir weitere Bezeichnungen vor. Wir beginnen mit der eben eingeführten Bezeichnung für die Monade.

$$
\begin{array}{ll}
\{\simeq x_0\} = \{x \in {}^*\mathbb{R} \mid x \simeq x_0\} & \text{(vollständige) Monade von } x_0 \\
\{\nearrow x_0\} = \{x \in {}^*\mathbb{R} \mid x \simeq x_0 \wedge x < x_0\} & \text{linkseitige Monade von } x_0 \\
\{\searrow x_0\} = \{x \in {}^*\mathbb{R} \mid x \simeq x_0 \wedge x > x_0\} & \text{rechtsseitige Monade von } x_0 \\
\{\simeq\neq x_0\} = \{x \in {}^*\mathbb{R} \mid x \simeq x_0 \wedge x \neq x_0\} & \text{Monade um } x_0 \text{ (ohne } x_0) \\
\{\gg 1\} = \{x \in {}^*\mathbb{R} \mid x \gg 1\} & \text{Menge der positiv infiniten Elemente} \\
\{\ll -1\} = \{x \in {}^*\mathbb{R} \mid x \ll -1\} & \text{Menge der negativ infiniten Elemente}
\end{array}
$$

Um auf derartige Mengen Funktionen f anwenden zu können, greifen wir auf das Transferprinzip (s. Punkt 3.2.1) zurück. Wir denken uns also reelle Funktionen f nach dem Transferprinzip auf ${}^*\mathbb{R}$ hyperreell erweitert, ebenso ihre Definitionsbereiche D zu ${}^*D$. $f(\{\simeq x_0\})$ beispielsweise hat nur Sinn, wenn die reelle Funktion f in einer Umgebung von x_0 definiert ist. Ferner ist auch $f(\{\gg 1\})$ sinnvoll nur, wenn der Definitionsbereich D Intervalle der Form $[a, \infty)$ enthält. Infinite hyperreelle Zahlen in ${}^*D$ werden dann durch divergente Folgen repräsentiert. Entsprechendes gilt für $f(\{\ll -1\})$.

Schließlich wollen wir zur Vereinfachung doppelte Klammerungen vermeiden. Wir schreiben beispielsweise

$$
\begin{array}{llll}
f(\simeq x_0) & \text{statt} \quad f(\{\simeq x_0\}), & f(\nearrow x_0) & \text{statt} \quad f(\{\nearrow x_0\}), \\
f(\gg 1) & \text{statt} \quad f(\{\gg 1\}), & f(\searrow x_0) & \text{statt} \quad f(\{\searrow x_0\}).
\end{array}
$$

Auch die oben erwähnte Mengeninklusion $f(\{\simeq x_0\}) \subseteq \{\simeq (f(x_0)\}$ zur Definition der Stetigkeit oben wollen wir abkürzen. Wir schreiben allgemein:

$$
\simeq r \quad \text{statt} \quad \subseteq \{\simeq r\}, \quad \gg 1 \quad \text{statt} \quad \subseteq \{\gg 1\}, \quad \ll -1 \quad \text{statt} \quad \subseteq \{\ll -1\}.
$$

Die Stetigkeit einer Funktion f sieht dann so aus: $f(\simeq x_0) \simeq f(x_0)$.

Wir können nach diesen Klärungen den Schreibweisen für reelle Limites hyperreelle Schreibweisen gegenüberstellen:

Reell	$\lim\limits_{x\to x_0} f(x) = r$	$\lim\limits_{x\nearrow x_0} f(x) = r$	$\lim\limits_{x\searrow x_0} f(x) = r$
Hyperreell	$f(\simeq x_0) \simeq r$	$f(\nearrow x_0) \simeq r$	$f(\searrow x_0) \simeq r$

Infinite Fälle sind:

Reell	$\lim\limits_{x \to \infty} f(x) = r$	$\lim\limits_{x \to \infty} f(x) = \infty$	$\lim\limits_{x \to -\infty} f(x) = \infty$
Hyperreell	$f(\gg 1) \simeq r$	$f(\gg 1) \gg 1$	$f(\ll -1) \gg 1$

10.4 Anwendung

Um zu zeigen, wie man im Hyperreellen damit arbeiten kann, stellen wir zwei Beispiele vor. Zuerst einen Grenzwertsatz:

f und g seien reelle Funktionen mit Definitionsbereichen D_f und D_g. Eine Umgebung von x_0 liege in D_f, eine Umgebung von $f(x_0)$ in D_g, g sei stetig in $f(x_0)$ und $\lim\limits_{x \to x_0} f(x) = f(x_0)$. Einfach, aber mit ε-δ-Formulierungen schwierig zu begründen, ist die Aussage

$$\lim_{x \to x_0} g(f(x)) = \lim_{y \to f(x_0)} g(y).$$

Hyperreell ist die Aufstellung der Behauptung fast schon der Beweis:

Satz 10.1 $g(f(\simeq x_0)) \simeq g(\simeq f(x_0))$.

Beweis
g ist stetig in $f(x_0)$. $\qquad\qquad\qquad\qquad\qquad\qquad\qquad\qquad\qquad\qquad$ $\square$

Andere Grenzwertsätze treten hyperreell gar nicht in Erscheinung, da sie zur Arithmetik gehören, speziell zum Rechnen mit Funktionswerten hyperreeller Zahlen[2].

Das zweite Beispiel weist auf die Erweiterung hin, die in Nonstandard liegt. Standard ist der folgende Satz gar nicht formulierbar, anders als seine unmittelbaren Folgerungen.

Satz 10.2 Die hyperreelle Erweiterung von $f(x) = e^x$ bildet $\{\ll -1\}$ bijektiv auf $\{\searrow 0\}$ ab.

---

[2]Beispiel: $\lim\limits_{x \to x_0} f(x) \cdot \lim\limits_{x \to x_0} (x) = \lim\limits_{x \to x_0} (f(x) \cdot g(x))$. Was bedeutet das im Hyperreellen? $\lim\limits_{x \to x_0} f(x)$ ist der Standardteil der hyperreellen Zahl $\overline{(f(x_n))}$, $\lim\limits_{x \to x_0} g(x)$ der Standardteil von $\overline{(g(x_n))}$. Die Multiplikation ist so definiert: $\overline{(f(x_n))} \cdot \overline{(g(x_n))} = \overline{(f(x_n)) \cdot (g(x_n))}$.

Beweis

e^x ist umkehrbar. Wegen $e^{\{\ll -1\}} \simeq 0$ und $e^x > 0$ gilt $f(\ll -1) \subseteq \{\searrow 0\}$. Nun repräsentiere (a_n) ein $\alpha \in \{\searrow 0\}$. Dann ist $\{n \mid a_n \leq 0\}$ kein Element des Ultrafilters, der zu *$\mathbb{R}$ gehört, und es kann von einem Repräsentanten ausgegangen werden, für den $0 < a_n$ für alle $n \in \mathbb{N}$ gilt. Damit repräsentiert die Folge der $x_n = \ln(a_n)$ ein $x \in \{\ll -1\}$, für das $f(x_n) = e^{x_n} = e^{\ln(a_n)} = a_n$ und daher $f(x) = \alpha$ gilt. Folglich ist $f(\ll -1) \supseteq \{\searrow 0\}$ und insgesamt $f(\ll -1) = \{\searrow 0\}$. $\square$

Folgerung

Für $f(x) = x \ln(x)$ gilt: $f(\searrow 0) \simeq 0$.

Beweis

Wir verwenden den Satz 10.2 und die für $g(x) = x \cdot e^x$ bekannte Tatsache $g(\ll -1) \simeq 0$. Damit folgt: $f(\searrow 0) = f(e^{\{\ll -1\}})$ und für jedes $\Gamma \ll -1$ weiter $f(e^\Gamma) = e^\Gamma \ln(e^\Gamma) = e^\Gamma \cdot \Gamma = g(\Gamma) \simeq 0$. $\square$

Folgerung

Für $h(x) = x^x$ gilt: $h(\searrow 0) \simeq 1$.

Weitere Beispiele im Vergleich

11

Stefan Basiner, Wilfried Lingenberg und Peter Baumann

In den vorherigen Kapiteln haben wir in der Gegenüberstellung und Verbindung von Standard und Nonstandard prinzipielle Aspekte geklärt. Speziell haben wir Dinge im Hintergrund der Nonstandardanalysis dargestellt, die in der Standardlehre und ihren Lehrbüchern nicht vorkommen.

In diesem Kapitel wollen wir in die Praxis beider Ansätze schauen und an elementaren Beispielen ihre Unterschiedlichkeit erfahren. Die Unterschiedlichkeit in den Vorstellungen und im Denken deuten wir an.

11.1 Elementare Sätze

11.1.1 Nullstellensatz

Wir beginnen mit dem Nullstellensatz:

Satz 11.1 (Nullstellensatz). Eine über einem Intervall stetige Funktion, die in diesem Intervall positive und negative Werte hat, nimmt auch den Wert Null an.

S. Basiner (✉)
Witten, Nordrhein-Westfalen, Deutschland
E-mail: basiner@t-online.de

W. Lingenberg
Pirmasens, Rheinland-Pfalz, Deutschland
E-mail: W.Lingenberg@t-online.de

P. Baumann
Berlin, Deutschland
E-mail: baumann-berlin@t-online.de

T. Bedürftig et al. (Hrsg.), *Über die Elemente der Analysis – Standard und Nonstandard*,
https://doi.org/10.1007/978-3-662-64789-9_11

Auf diesen Satz wird gern verwiesen. Denn er war ein frühes Beispiel in der Entwicklung der heutigen Analysis, das für ein neues Denken in der Mathematik steht. Historisch zweifelte niemand an der Aussage. Man dachte an den Graphen einer Funktion als eine stetige Kurve, die die x-Achse so unweigerlich schneidet wie eine Gerade die andere. Der Zweifel und der Begründungsbedarf entstanden, als man begann, mengentheoretisch zu denken und Graphen von Funktionen und Geraden für Punktmengen zu halten. Gibt es den gemeinsamen Punkt von Graph und Achse? Auch die Vorstellung des Infinitesimalen verblasste. Bernard Bolzano (1781–1848) gilt als Entdecker des Nullstellensatzes (1817)[1].

Standard

Wir folgen kurz und aktualisiert der Idee in Bolzanos Beweis. Die Idee ist, das gesuchte Argument x mit dem Funktionswert $f(x) = 0$ einzuschachteln.

Beweis des Nullstellensatzes:

f sei eine stetige Funktion über dem Intervall $[a, b] = [a_0, b_0]$. Wir können $f(a) < 0$ und $f(b) > 0$ annehmen. Wir bilden Teilintervalle mit fortlaufend halbierter Intervalllänge. Ist $f\left(\frac{a_n+b_n}{2}\right) = 0$ für ein $n \in \mathbb{N}$, dann ist der gesuchte Funktionswert 0 erreicht. Ist $f\left(\frac{a_n+b_n}{2}\right) \neq 0$ für $n \in \mathbb{N}$, bestimmen wir Folgen von Intervallgrenzen so: Ist $f\left(\frac{a_n+b_n}{2}\right) < 0$, setzen wir $a_{n+1} = \frac{a_n+b_n}{2}$ und $b_{n+1} = b_n$. Ist $f\left(\frac{a_n+b_n}{2}\right) > 0$, dann sei $a_{n+1} = a_n$ und $b_{n+1} = \frac{a_n+b_n}{2}$. Es folgt $f(a_{n+1}) < 0$ und $f(b_{n+1}) > 0$. (a_n) und (b_n) sind so monotone Folgen in $[a, b]$ und konvergieren gegen den gleichen Grenzwert, sagen wir x. Denn die Folge der Intervallbreiten $b_n - a_n = \frac{b-a}{2^n}$ ist eine Nullfolge. Wegen der Stetigkeit von f ist $0 \geq \lim_{a_n \to x} f(a_n) = f(x) = \lim_{b_n \to x} f(b_n) \geq 0$, also $f(x) = 0$. $\qquad\square$

Der Beweis beruht auf einem unendlichen Auswahlverfahren, das je nach Abschätzung die Folgenglieder der Intervallschachtelung auswählt. Wir bemerken zudem, dass Bolzano früh so gedacht hat, wie man heute Standard denkt: Er formuliert und verwendet das Vollständigkeitsaxiom in der Version mit Intervallschachtelungen, das eine eindeutig bestimmte Zahl im Innern der Intervalle annimmt. Das schließt aus, was für das alte infinitesimale Denken charakteristisch war und für das heutige Nonstandarddenken charakteristisch ist, nämlich von einem infinitesimalen Intervall im Innern der Schachtelung auszugehen.

Nonstandard

Nonstandard könnte man die Beweisidee Bolzanos aufnehmen, man geht aber einen ganz anderen, nonstandard-typischen Weg.

---

[1]Rein analytischer Beweis des Lehrsatzes, daß zwischen zwey Werthen, die ein entgegengesetztes Resultat gewähren, wenigstens eine reelle Wurzel der Gleichung liege. (Bolznao 1817)

Beweis des Nullstellensatzes:

f sei eine stetige Funktion über dem Intervall $[a, b]$. Wir können $f(a) < 0$ und $f(b) > 0$ annehmen. Seien die $x_k = k\frac{b-a}{\mu}$ mit hypernatürlichem μ die Teilpunkte einer infinitesimalen Unterteilung von $[a, b]$. λ sei der größte Index mit $f(x_\lambda) \leq 0$. Dann ist $x_\lambda \simeq x_{\lambda+1}$ und $f(x_{\lambda+1}) \geq 0$. Für $x = st(x_{\lambda+1}) = st(x_\lambda)$ folgt aus der Stetigkeit $0 \geq f(x_\lambda) \simeq f(x) \simeq f(x_{\lambda+1}) \geq 0$, also $f(x) = 0$. $\square$

Zwei Vorgehensweisen in diesem Beweis sind nonstandard-typisch: die infinitesimale Unterteilung von Intervallen und die Wahl eines größten Index.

Die Wahl von *infinitesimalen Unterteilungen* ist nonstandard quasi standard. Beim bestimmten Integral im Kap. 2 haben wir sie zum ersten Mal gesehen:

▶ Sei $[a, b]$ ein abgeschlossenes Intervall, μ eine hypernatürliche Zahl. Dann bilden die $x_k = a + k\frac{b-a}{\mu}$ eine infinitesimale Unterteilung des Intervalls $[a, b]$.

Standard gibt es nichts Vergleichbares. Wie beim Integral ist Standard auf den unendlichen *Prozess* von Unterteilungen angewiesen.

Die zweite typische Vorgehensweise war, unter den Indizes der infiniten Unterteilung einen *größten Index* λ mit der Eigenschaft $f(x_\lambda) \leq 0$ auszuwählen. Wir haben es mit hypernatürlichen Zahlen zu tun, die arithmetisch wie die natürlichen Zahlen sind. Das sagt das *Transferprinzip*. D. h.:

▶ In einer beschränkten Menge vorgegebener hypernatürlicher Zahlen gibt es eine größte hypernatürliche Zahl.

Es ist nicht schwer, dieses Prinzip aus der Konstruktion von $^*\mathbb{R}$ abzuleiten (s. Bedürftig/Murawski 2019, S. 540). Wir arbeiten aber in der Praxis nonstandard so, wie man es standard tut, nämlich axiomatisch, also nonstandard mit dem Transferprinzip (s. 3.2.1).

11.1.2 Satz von Bolzano-Weierstraß

Die folgenden Beweise, standard und nonstandard, beginnen mit der gleichen Strategie, nämlich mit der Konstruktion einer Intervallschachtelung, enden aber mit unterschiedlichen, für Standard und Nonstandard jeweils typischen, Argumenten.

Definition 11.1 (Standard). Ein $x \in \mathbb{R}$ heißt Häufungspunkt einer Menge $M \subseteq \mathbb{R}$, wenn in jeder ε-Umgebung von x ein Element von M liegt.

Mit einem Element liegen, wie man sofort schließt, unendlich viele Elemente in jeder ε-Umgebung von x.

Satz 11.2 (Satz von Bolzano-Weierstraß). Sei $[a, b]$ ein reelles Intervall, $M \subseteq [a, b]$ eine unendliche Menge. Dann besitzt M einen Häufungspunkt in $[a, b]$.

Standard

Beweis des Satzes von Bolzano-Weierstraß:
Wir konstruieren eine Intervallschachtelung $([a_n, b_n])$ und beginnen mit dem Intervall $[a, b] = [a_0, b_0]$. In $[a_0, b_0]$ liegen unendliche viele Elemente von M. Wir bestimmen die Intervallfolge fortlaufend so: Liegen in $[a_n, \frac{b_n - a_n}{2}]$ unendlich viele Elemente von M, setzen wir $a_{n+1} = a_n$ und $b_{n+1} = \frac{b_n - a_n}{2}$. Liegen nur endlich viele Elemente von M in $[a_n, \frac{b_n - a_n}{2}]$, setzen wir $a_{n+1} = \frac{b_n - a_n}{2}$ und $b_{n+1} = b_n$. (a_n) und (b_n) sind monotone Folgen in $[a, b]$ und konvergieren gegen den gleichen Grenzwert, sagen wir x. Denn die Folge der Intervallbreiten $b_n - a_n = \frac{b - a}{2^n}$ ist eine Nullfolge. Jede ε-Umgebung von x umfasst, wenn n hinreichend groß gewählt wird, ein Intervall $[a_n, b_n]$ und enthält damit ein Element von M. Also ist x Häufungspunkt von M. $\square$

Nonstandard
Wie können wir nonstandard sagen, was ein Häufungspunkt einer Menge M ist. Wir greifen auf Folgen zurück.

Definition 11.2 (Nonstandard). Sei $M \subseteq [a, b]$. $x \in [a, b]$ ist Häufungspunkt von M genau dann, wenn es eine Folge (x_m) in M gibt mit $x_\mu \simeq x$ für ein $\mu \in {}^*\mathbb{N}$.

Satz 11.3 Diese Nonstandard-Definition ist äquivalent zur obigen Standard-Definition.

Beweis
Wählt man in einer Nullfolge von ε-Umgebungen von x Elemente $x_m \in M$ aus, so repräsentiert (x_m) eine hyperreelle Zahl x_μ mit $x_\mu \simeq x$. Ist umgekehrt $x_\mu \simeq x$, und ist eine ε-Umgebung von x gegeben, so gibt es ein m mit $x_m \in M$ in dieser Umgebung. Wäre das nicht so, dann wäre $|x_m - x| \geq \varepsilon$ für alle m und $(|x_m - x|)$ keine Nullfolge, also $x_\mu - x \not\simeq 0$. Das widerspricht $x_\mu \simeq x$. $\square$

Beweis des Satzes von Bolzano-Weierstraß:
Wir konstruieren wieder eine Intervallschachtelung $([a_n, b_n])$ und beginnen mit dem Intervall $[a, b] = [a_0, b_0]$. In $[a_0, b_0]$ liegen unendlich viele Elemente von M. Wir bestimmen die Intervallfolge fortlaufend so: Liegen in $[a_n, \frac{b_n - a_n}{2}]$ unendlich viele Elemente von M, setzen wir $a_{n+1} = a_n$ und $b_{n+1} = \frac{b_n - a_n}{2}$. Liegen nur endlich viele Elemente von M in $[a_n, \frac{b_n - a_n}{2}]$, setzen wir $a_{n+1} = \frac{b_n - a_n}{2}$ und $b_{n+1} = b_n$. In jedem $[a_n, b_n]$ wählen wir ein $x_n \in M$. Die Folge (x_n) repräsentiert eine hyperreelle Zahl x_ν. Sei $x = st(x_\nu)$. Es ist $x \in [a, b]$, $x_\nu \simeq x$, also x Häufungspunkt von M. $\square$

11.1.3 Extremwerte

Satz 11.4 (Extremwertsatz). Eine über einem Intervall $[a, b]$ stetige Funktion f nimmt dort ihren größten und kleinsten Wert an.

Die folgenden Beweise sind wieder sehr unterschiedlich. Der Nonstandardbeweis nutzt wie beim Nullstellensatz die infinitesimale Unterteilung des Intervalls $[a, b]$. Der Grenzwertbeweis konstruiert kunstfertig eine Folge und greift auf den Satz von Bolzano-Weierstraß zurück.

Nonstandard

Beweis des Extremwertsatzes:
Wir denken uns wieder $[a, b]$ in unendlich viele infinitesimale Intervalle $[\xi_\kappa, \xi_{\kappa+1}]$ unterteilt. Dann gibt es unter den Zahlen $f(\xi_\kappa)$ eine kleinste und eine größte Zahl, sagen wir $f(\xi_\lambda)$ und $f(\xi_\mu)$. Seien x_l, x_m reell und $x_l \simeq \xi_\lambda$ und $x_m \simeq \xi_\mu$. Dann ist die reelle Zahl $f(x_l) \simeq f(\xi_\lambda)$ ein Minimum, die reelle Zahl $f(x_m) \simeq f(\xi_\mu)$ ein Maximum. □

Standard
Wir zeigen die Existenz eines Maximums. Der Beweis für das Minimum verläuft analog.

Beweis des Extremwertsatzes:
f ist nach oben unbeschränkt, oder es gibt ein Supremum $s = \sup\{f(x) \mid x \in [a, b]\}$. Wir bilden eine Folge (x_n). Falls f unbeschränkt ist, sei x_n so gewählt, dass $f(x_n) \geq n$. Andernfalls wähle man x_n so, dass $|f(x_n) - s| \leq \frac{1}{n}$. (x_n) hat nach dem eben bewiesenen Satz von Bolzano-Weierstraß einen Häufungspunkt x^* in $[a, b]$, und es gibt eine Teilfolge (x_{i_n}), die gegen x^* konvergiert: $\forall \varepsilon > 0 \, \exists N \, \forall n (n > N \Rightarrow |x^* - x_{i_n}| < \varepsilon)$. Aus der Stetigkeit von f folgt für vorgegebenes δ: $\exists N \, \forall n (n > N \Rightarrow |f(x^*) - f(x_{i_n})| < \delta$. Daher kann $f(x_{i_n})$ auch nicht Teilfolge irgendeiner unbeschränkten Folge $f(x_n)$ sein. Also ist $f(x_n)$ beschränkt und damit f. Zu beliebigen δ und für fast alle n erhalten wir: $|f(x^*) - s| \leq |f(x^*) - f(x_{i_n})| + |f(x_n) - s| \leq \delta + \frac{1}{n}$. Also ist $f(x^*) = s$. □

11.2 Substitution

Eine Funktion f sei integrierbar und habe die Stammfunktion F; eine weitere Funktion g sei als differenzierbar vorausgesetzt. Dann ist $F(g(x))$ gemäß der Kettenregel der Ableitung (s. Abschn. 2.6.2) eine Stammfunktion für einen Integranden der Form $f(g(x)) \cdot g'(x)$, und es gilt:

$$\int\limits_{a}^{b} f\big(g(x)\big) \cdot g'(x)\, dx = \Big[F\big(g(x)\big)\Big]_{a}^{b}.$$

Für die praktische Anwendung dieses Zusammenhangs ist es oft vorteilhaft, die innere Funktion $g(x)$ durch eine einfache Variable u zu ersetzen. Wie das auf der rechten Seite der Gleichung aussehen kann, ist leicht nachzuvollziehen:

$$\Big[F\big(g(x)\big)\Big]_{a}^{b} = F\big(g(b)\big) - F\big(g(a)\big) = \Big[F(u)\Big]_{g(a)}^{g(b)}.$$

Der letzte Ausdruck lässt sich wieder als Integral schreiben:

$$\Big[F(u)\Big]_{g(a)}^{g(b)} = \int\limits_{g(a)}^{g(b)} f(u)\, du,$$

und damit erhält man zusammenfassend:

$$\int\limits_{a}^{b} f\big(g(x)\big) \cdot g'(x)\, dx = \int\limits_{g(a)}^{g(b)} f(u)\, du.$$

Diese als *Substitutionsregel* bekannte Gleichung scheint zu implizieren, dass bei der Substitution $u = g(x)$ in irgendeiner Weise $g'(x)\, dx$ dasselbe sei wie du. Tatsächlich ist es nicht unüblich, sich bei einer Substitution als Hilfestellung etwa folgende Nebenrechnung hinzuschreiben:

$$u = g(x)$$
$$\frac{du}{dx} = g'(x)$$
$$du = g'(x)\, dx.$$

Das ist einfach und nützlich – allerdings im Standardzusammenhang schon deswegen nicht korrekt, weil dort dx und du zunächst einmal reine Symbole zur Angabe der Integrationsvariablen sind, mit denen man nicht wie mit Variablen rechnen kann. Dass in diesem Formalismus aber durchaus ein wahrer Kern steckt, zeigt die Betrachtung im Nichtstandardzusammenhang.

11.2.1 Hyperreelle Begründung

Hier ist das dx des Integrals letztlich einfach die infinitesimale Länge der Zerlegungsintervalle, und für diese gilt wie für jede andere infinitesimale Zahl, dass der damit gebildete Differentialquotient von g infinitesimal benachbart zur Ableitung g' ist:

$$\frac{g(x+dx) - g(x)}{dx} \simeq g'(x) \, .$$

Für den Zähler $g(x+dx) - g(x)$ schreibt man auch kurz dg; und hier ist stattdessen, da $u = g(x)$, auch du möglich. Damit wird aus der oben gegebenen Hilfestellung tatsächlich eine korrekte Rechnung, nämlich wenn man schreibt:

$$u = g(x)$$
$$\frac{du}{dx} \simeq g'(x)$$
$$du \simeq g'(x)\,dx$$

Unkorrekt ist die oben zitierte Neben„rechnung" also nicht nur, weil sie im Standardzusammenhang reine Symbole als Variable behandelt, sondern auch, weil sie Gleichheitszeichen für Ausdrücke verwendet, die im allgemeinen nicht gleich, sondern lediglich infinitesimal benachbart sind. Aus Nichtstandardperspektive ist das ebenso ungenau wie die z. B. auf Taschenrechnern benutzte Schreibweise „$\frac{d}{dx} f$" für die Ableitung.

Richtig auch im Nichtstandardzusammenhang ist dagegen das Gleichheitszeichen in der Substitutionsformel selbst: Da Integrale reellwertig sind, können bei der Umformung im Endergebnis keine infinitesimalen Unterschiede mehr zum Tragen kommen. Auf beiden Seiten der Formel stehen reelle Zahlen, und reelle Zahlen, die infinitesimal benachbart sind, sind dann auch schon gleich.

Ebenfalls unproblematisch ist, dass die Hilfsumformungen nicht etwa auf ein einziges du für das ganze Integrationsintervall $\big[g(a); g(b) \big]$ führen, da $du = dg = g(x+dx) - g(x)$ nicht nur von g und der ursprünglichen Zerlegungsintervalllänge dx, sondern auch von der konkreten Stelle x abhängt. Etwas genauer notiert, erhielte man also in einem Zwischenschritt zunächst einmal eine infinite Summe der Form

$$\sum_{i=1}^{N} f(u_i) \cdot du_i \, .$$

Jedoch ist f als integrierbar vorausgesetzt, und dann hat definitionsgemäß jede solche Summe den gleichen Standardteil, nämlich eben die reelle Zahl

$$\int_{g(a)}^{g(b)} f(u)\,du$$

(zur Definition des Integrals vgl. Punkt 2.5.2 oder Baumann-Kirski (2019), S. 124).
Die dreizeilige Hilfsrechnung bildet also auch im Nichtstandardzusammenhang die
Mechanik der Substitution nicht vollständig ab; sie ist dort aber für sich genommen eine korrekte Umformung, die man sich mit mathematisch reinstem Gewissen
zunutze machen darf.

11.2.2 Beispiele

Der besondere Wert der Hilfsrechnung liegt darin, dass man in der Praxis häufig
mehrere Möglichkeiten für die innere Funktion $g(x)$ durchprobieren muss, da oft
nicht leicht zu erkennen ist, ob der Integrand eine geeignete Form hat oder sich
in eine solche bringen lässt. Das dürfte auch der Grund sein, warum sich im Standardzusammenhang ein von vielen (und zu Recht) als zwar hilfreich, aber unkorrekt
empfundener Formalismus überhaupt in Gebrauch gehalten hat. Wir wollen uns das
an einigen Beispielen anschauen.

Beispiel (1a). Im Integral

$$\int_0^{\sqrt{\pi}} x \, \sin(x^2) \, dx$$

erkennt man wohl schon ohne Substitution die innere Funktion x^2 mit ihrer Ableitung
$2x$ und formt um:

$$\int_0^{\sqrt{\pi}} x \, \sin(x^2) \, dx = \frac{1}{2} \int_0^{\sqrt{\pi}} \sin(x^2) \cdot 2x \, dx = \frac{1}{2} \Big[-\cos(x^2) \Big]_0^{\sqrt{\pi}} = 1.$$

Beispiel (1b). Mit Substitution wird die Rechnung aber übersichtlicher:

$$\int_0^{\sqrt{\pi}} x \, \sin(x^2) \, dx$$

Substitution:
$$u = x^2$$
$$\frac{du}{dx} \simeq 2x$$
$$du \simeq 2x \, dx$$

Wenn man auch hier wieder statt x im Integranden $\frac{1}{2} \cdot 2x$ schreibt, lässt sich substituieren:

$$\int_0^{\sqrt{\pi}} x \, \sin(x^2) \, dx = \frac{1}{2} \int_0^{\sqrt{\pi}} \sin(x^2) \cdot 2x \, dx = \frac{1}{2} \int_0^{\pi} \sin(u) \, du = 1$$

Beispiel (1c). Eine weitere Umformungsmöglichkeit für dasselbe Beispiel erfordert noch weniger Nachdenken, sieht aber vielleicht etwas irritierend aus, da in einem Zwischenschritt sowohl u als auch x im Integranden vorkommen:

$$\textit{Subst.:} \qquad u = x^2$$
$$\frac{du}{dx} \simeq 2x$$
$$dx \simeq \frac{du}{2x}$$

Ohne dass man den Integranden erst umformen müsste, ergibt sich damit:

$$\int_0^{\sqrt{\pi}} x \, \sin(x^2) \, dx = \int_0^{\pi} x \, \sin(u) \, \frac{du}{2x} = \frac{1}{2} \int_0^{\pi} \sin(u) \, du = 1$$

Hier gilt: Wenn man eine passende Substitution gefunden hat, fallen alle x beim Vereinfachen weg, oder umgekehrt: Wenn sich die x nicht vollständig aufheben, war die Substitutionsfunktion nicht geeignet.

Beispiel (2). Nicht selten probiert man verschiedene Substitutionen aus; mit der Hilfsrechnung ist jeweils schnell zu erkennen, ob eine Substitution zum Erfolg führt oder nicht.

$$\int_{\frac{\pi}{4}}^{\frac{\pi}{2}} \frac{1}{\tan x} \, dx$$

Ein erster Versuch könnte sein:

$$\textit{Subst.:} \qquad u = \tan x$$
$$\frac{du}{dx} \simeq \frac{1}{\cos^2 x}$$
$$du \simeq \frac{1}{\cos^2 x} \, dx$$

Aber weder dies noch $\frac{du}{dx} \simeq \frac{1}{1+\tan^2 x}$ bringt einen irgendwohin, denn die Variable x würde nicht eliminiert: Man erhielte als Integranden $\frac{1}{u} \cdot \cos^2 x \, du$ bzw. $\frac{1}{u} \cdot (1 + \tan^2 x) \, du$.

Erst wenn man sich an $\tan = \frac{\sin}{\cos}$, also $\frac{1}{\tan} = \frac{\cos}{\sin}$, erinnert und dann die Funktion im Nenner substituiert, geht die Rechnung glatt auf:

$$\textit{Subst.:} \qquad u = \sin x$$

$$\frac{du}{dx} \simeq \cos x$$

$$du \simeq \cos x \, dx$$

$$\int_{\frac{\pi}{4}}^{\frac{\pi}{2}} \frac{1}{\tan x} \, dx = \int_{\frac{\pi}{4}}^{\frac{\pi}{2}} \frac{1}{\sin x} \cdot \cos x \, dx = \int_{\frac{1}{2}\sqrt{2}}^{1} \frac{1}{u} \, du = \Big[\ln |u| \Big]_{\frac{1}{2}\sqrt{2}}^{1} = \ldots = \frac{1}{2} \ln 2$$

Beispiel (3). Der Areasinus hyperbolicus lässt sich mit Hilfe elementarer Funktionen ausdrücken, wenn man, bei seiner einzigen Nullstelle beginnend, über seine Ableitung integriert –

$$\int_{0}^{x} \frac{1}{\sqrt{t^2 + 1}} \, dt$$

– und dafür auf eine ganz und gar nicht offensichtliche Substitutionsfunktion verfällt. Die zum Finden dieser Substitution möglicherweise notwendigen (und möglicherweise zahlreichen) Fehlversuche spielen wir hier nicht mehr durch.

$$\textit{Subst.:} \qquad u = t + \sqrt{t^2 + 1}$$

$$\frac{du}{dt} \simeq 1 + \frac{1}{2\sqrt{t^2 + 1}} \cdot 2t = 1 + \frac{t}{\sqrt{t^2 + 1}} = \frac{t + \sqrt{t^2 + 1}}{\sqrt{t^2 + 1}}$$

$$du \simeq \left(\frac{t + \sqrt{t^2 + 1}}{\sqrt{t^2 + 1}} \right) dt$$

Mit dieser Nebenrechnung ist die Hauptarbeit tatsächlich schon erledigt, denn jetzt ist recht offensichtlich, wie das Integral umgeformt werden muss:

$$\int_{0}^{x} \frac{1}{\sqrt{t^2 + 1}} \, dt = \int_{0}^{x} \frac{t + \sqrt{t^2 + 1}}{t + \sqrt{t^2 + 1}} \cdot \frac{1}{\sqrt{t^2 + 1}} \, dt$$

$$= \int_{0}^{x} \frac{1}{t + \sqrt{t^2 + 1}} \cdot \frac{t + \sqrt{t^2 + 1}}{\sqrt{t^2 + 1}} \, dt$$

$$= \int_{1}^{x + \sqrt{x^2 + 1}} \frac{1}{u} \, du = \Big[\ln |u| \Big]_{1}^{x + \sqrt{x^2 + 1}} = \ln \left(x + \sqrt{x^2 + 1} \right)$$

Insgesamt ergibt sich daraus die Formel

$$\operatorname{arsinh} x = \ln\left(x + \sqrt{x^2 + 1}\right).$$

11.3 Exponentialfunktionen und Eulersche Zahl

Dieser Abschnitt klärt auf und erweitert, was im elementaren Unterrichtsgang in der Handreichung (2021, Abschn. 3.5 *Einstieg in Exponentialfunktionen*) notwendig nur angedeutet, vorausgesetzt oder unvollendet geblieben ist. Die Arbeitsweise ist zumeist nonstandard, greift aber auch zurück auf bekannte Limites und deren Folgen, die dann als Repräsentanten hyperreeller Zahlen gedeutet werden und in die hyperreelle Arithmetik führen.

11.3.1 Die Vorkenntnisse

Bei der Behandlung der Exponentialfunktionen, also Funktionen des Typs $\exp_a(x) = a^x$ mit $a \in \mathbb{R}^+$ ($a > 0$), stößt man zunächst auf folgende Grundeigenschaften, die sich aus den Potenzgesetzen herleiten lassen:

i. $x \to a^x$ ist monoton und genau dann streng monoton und schrankenlos steigend, wenn $a > 1$ ist. Wegen $(\frac{1}{a})^x = a^{-x}$ nimmt a^x jeden positiven Wert an, wenn $a \neq 1$ ist.

ii. Für $a > 1$ ist a^x stärker als linear steigend (der Graph ist konvex gekrümmt)[2]; daher nimmt mit wachsendem $x \in \mathbb{R} \setminus \{0\}$ auch die Sekantensteigung $m_a(x) = \frac{a^x - 1}{x}$ streng monoton zu.

Wir knüpfen nun an den „*Einstieg in Exponentialfunktionen*" (Handreichung 2021, Abschn. 3.5) an. Dort wurde unter der Annahme der Differenzierbarkeit von a^x anhand der Gleichung $\exp_a'(x) \simeq \frac{a^{x+\delta} - a^x}{\delta} = \frac{a^\delta - 1}{\delta} \cdot a^x$ die besondere Basis e näherungsweise berechnet, für die $rt(\frac{e^\delta - 1}{\delta}) = 1$ gilt.[3]

---

[2] Ist $b > 1$, so liegen die Punkte $(0, 1)$, $(1, b)$, $(2, b^2)$ wegen $\frac{b-1}{1} < \frac{b^2-1}{2}$, also $1 < \frac{b+1}{2}$ konvex. Sei nun $a > 1$ und $\varepsilon > 0$. Dann ist $b = a^\varepsilon > 1$. Die Punkte (u, a^u), $(u+\varepsilon, a^{u+\varepsilon})$, $(u+2\varepsilon, a^{u+2\varepsilon})$ werden durch die lineare Abbildung $(x, y) \to \left(\frac{x-u}{\varepsilon}, \frac{y}{a^u}\right)$ auf $(0, 1)$, $(1, b)$, $(2, b^2)$ abgebildet und liegen daher auch konvex.

[3] Gemäß i. hat e^x eine Umkehrung $\ln : \mathbb{R}^+ \to \mathbb{R}$ (Logarithmus naturalis). Für $a \in \mathbb{R}$ folgt $a^x = (e^{\ln(a)})^x = e^{\ln(a) \cdot x}$, sodass die Funktionenschar $e^{k \cdot x}$ mit $k \in \mathbb{R}$ genau sämtliche Exponentialfunktionen umfasst. Ist also die e-Funktion bei 0 und daher überall differenzierbar, so gilt das auch für alle anderen Exponentialfunktionen, und für $0 < a \neq e$ ist $\ln(a) \neq 1$ und daher $\exp_a'(0) = \ln(a) \neq 1$.

Es steht also noch aus, die Differenzierbarkeit zu beweisen. Zudem begründen wir für das Folgende das Operieren mit transfiniten Hochzahlen und Binomialkoeffizienten $\binom{\Omega}{k}$.

In diesem Abschnitt bezeichne Ω den transfiniten Index, der durch die Folge $(1, 2, 3, 4 \ldots)$ repräsentiert wird. δ sei stets eine infinitesimale Zahl ungleich 0, also $\delta \simeq 0$, aber $\delta \neq 0$. Und als Basis sollen nur Zahlen betrachtet werden, die größer als 1 sind, sodass die obigen Vorkenntnisse i. und ii. zum Tragen kommen.

11.3.2 Ansatz der Reihenentwicklung

Im Ergebnis wurde e in der Handreichung (2021, Abschn. 3.5) mit einem infinitesimalen $\delta \neq 0$ so bestimmt:

1. Aus $\frac{e^{\delta}-1}{\delta} \simeq 1$ folgte $e^{\delta} - 1 \simeq \delta$ und $e^{\delta} \simeq 1 + \delta$, woraus sich $e = rt((1 + \delta)^{\frac{1}{\delta}})$ ergab.
2. Am Ende wurde e näherungsweise berechnet. Das war mühsam und langsam. Es geht schneller, wenn man die Reihenentwicklung hat. Hyperreell setzt man so an: Mit $\delta = \frac{1}{\Omega}$ soll e wie folgt berechnet werden:

$$e \simeq (1+\delta)^{\frac{1}{\delta}} = \left(1 + \frac{1}{\Omega}\right)^{\Omega} = \sum_{k=0}^{\Omega} \binom{\Omega}{k} 1^{\Omega-k} \frac{1}{\Omega^k} = \sum_{k=0}^{\Omega} \frac{1}{k!} \cdot \frac{\Omega!}{(\Omega-k)!\Omega^k} \simeq \sum_{k=0}^{\Omega} \frac{1}{k!}.$$

Kann man hyperreell so rechnen? Das müssen wir zeigen. Die Zahl e lässt sich dann in der Darstellung $\sum_{k=0}^{\Omega} \frac{1}{k!}$ schon mit wenigen Summanden gut annähern.

In einem weiteren Schritt kann man direkt anschließen:

3. Mit $x \neq 0$ und $\delta = \frac{x}{\Omega}$ ist $e^x \simeq \left((1+\delta)^{\frac{1}{\delta}}\right)^x = \left(1 + \left(\frac{x}{\Omega}\right)^{\frac{\Omega}{x}}\right)^x$ und damit

$$e^x \simeq \left(1 + \frac{x}{\Omega}\right)^{\Omega} = \sum_{k=0}^{\Omega} \binom{\Omega}{k} 1^{\Omega-k} \frac{x^k}{\Omega^k} = \sum_{k=0}^{\Omega} \frac{x^k}{k!} \cdot \frac{\Omega!}{(\Omega - k)!\Omega^k} \simeq \sum_{k=0}^{\Omega} \frac{x^k}{k!}.$$

Also wird $e^x = rt(\sum_{k=0}^{\Omega} \frac{x^k}{k!})$ die hyperreelle Reihenentwicklung der e-Funktion sein.

11.3.3 Fragen

1. Warum gilt $\left(1 + \frac{1}{\Omega}\right)^{\Omega} = \sum_{k=0}^{\Omega} \frac{1}{k!} \cdot \frac{\Omega!}{(\Omega-k)!\Omega^k} \simeq \sum_{k=0}^{\Omega} \frac{1}{k!}$?
2. Käme eine Berechnung von e mittels $\left(1 + \frac{-1}{\Omega}\right)^{-\Omega}$, also mit $\delta = -\frac{1}{\Omega}$ zum selben Ergebnis? Diese Frage ist zwar nur ein Spezialfall der anschließenden Frage 3, deren Behandlung wird sich aber auf die Klärung dieses Spezialfalles stützen.

3. Gilt $(1+\delta)^{\frac{1}{\delta}} \simeq \left(1+\frac{1}{\Omega}\right)^{\Omega}$ für *alle* $\delta \simeq 0$ mit $\delta \neq 0$?

4. Es wurde e als reeller Teil von $\alpha = (1+\delta)^{\frac{1}{\delta}}$ definiert, in der Handreichung (2021, 3.5) mit $\delta = \frac{1}{\Omega}$. Für α gilt $\frac{\alpha^{\delta}-1}{\delta} = \frac{(1+\delta)^{\frac{\delta}{\delta}}-1}{\delta} = \frac{(1+\delta)-1}{\delta} = 1$. Folgt aus $\alpha \simeq e$ wirklich $\frac{\alpha^{\delta}-1}{\delta} \simeq \frac{e^{\delta}-1}{\delta}$? Denn dann ist erst die Differenzierbarkeit bewiesen. (Ob aus $\frac{\alpha^{\delta}-1}{\delta} \simeq \frac{e^{\delta}-1}{\delta}$ umgekehrt $\alpha \simeq e$ folgt, ist hier zwar unwichtig, folgt aber aus der Fußnote 4.)

5. Sind die Umformungen in 3. zulässig?

Einschub

$\sum_{k=0}^{\infty} \frac{x^k}{k!}$ ist eine konvergente Reihe (in $\mathbb{R}$). Zum Beweis sei $x \in \mathbb{R}$. Dann gibt es ein $n \in \mathbb{N}$ mit $n > x^2$, woraus $n \geq |x|$ und $\frac{|x|}{2n} \leq \frac{1}{2}$ folgt. Für alle natürlichen Zahlen $m > 2n$ folgt:

$$\left| \sum_{k=2n}^{m} \frac{x^k}{k!} \right| = \frac{x^{2n}}{(2n)!} \cdot \left| 1 + \frac{x}{2n+1} + \frac{x^2}{(2n+1)(2n+2)} + \cdots \right| <$$

$$\frac{x^{2n}}{(2n)!} \cdot \left(1 + \frac{1}{2} + \frac{1}{4}\cdots\right) < 2 \cdot \frac{n^n}{(2n)!} = \frac{2}{n!} \cdot \frac{n}{n+1} \cdot \cdots \cdot \frac{n}{n+n} < \frac{2}{n!}.$$

Also ist $\left(\sum_{k=0}^{l} \frac{x^k}{k!}\right)$ eine Cauchyfolge mit einem reellen Grenzwert, sagen wir $e(x)$. Speziell für $x = 1$ und der Bezeichnung $e = e(1)$ erhalten wir $e = rt\left(\sum_{k=0}^{\Omega} \frac{1}{k!}\right) = \sum_{k=0}^{\infty} \frac{1}{k!}$.

11.3.4 Antworten

Zur Frage 1 $\quad \left(1+\frac{1}{\Omega}\right)^{\Omega} \simeq e$?

Um $\left(1+\frac{1}{\Omega}\right)^{\Omega}$ zu berechnen, wenden wir das Transferprinzip an, das die reelle Arithmetik in die hyperreelle überträgt[4]. Es gilt also

$$\binom{\Omega}{k} 1^{\Omega-k} \frac{1}{\Omega^k} = \frac{1}{k!} \cdot \frac{\Omega!}{(\Omega-k)!\Omega^k} \quad \text{und}$$

$$1 > \frac{\Omega!}{(\Omega-k)!\Omega^k} = \frac{\Omega(\Omega-1)(\Omega-2)\ldots(\Omega-k+1)}{\Omega \cdot \Omega \cdot \Omega \cdot \ldots \cdot \Omega} \simeq 1.$$

Sei nun $n \in \mathbb{N}$. Nach dem Einschub gibt es ein $N \in \mathbb{N}$ mit

$$\sum_{k=N}^{\Omega} \frac{1}{k!} < \frac{1}{n} \quad \text{und} \quad \sum_{k=N}^{\Omega} \frac{\Omega!}{(\Omega-k)!\Omega^k} \cdot \frac{1}{k!} < \frac{1}{n}.$$

---

[4] $^*\mathbb{R}$ ist Modell der reellen Arithmetik.

Nun folgt mit $\left(1+\frac{1}{\Omega}\right)^{\Omega} = \sum_{k=0}^{\Omega}\binom{k}{\Omega}1^{\Omega-k}\frac{1}{\Omega^k}$ weiter

$$\left|\left(1+\frac{1}{\Omega}\right)^{\Omega} - \left(\sum_{k=0}^{\Omega}\frac{1}{k!}\right)\right| < \left|\left(\sum_{k=0}^{N-1}\frac{1}{k!}\cdot\frac{\Omega!}{(\Omega-k)!\Omega^k}\right) - \sum_{k=0}^{N-1}\frac{1}{k!}\right| + \frac{2}{n} \simeq$$

$$\left|\left(\sum_{k=0}^{N-1}\frac{1}{k!}\right) - \sum_{k=0}^{N-1}\frac{1}{k!}\right| + \frac{2}{n} = \frac{2}{n}.$$

Dies gilt für alle $n \in \mathbb{N}$, woraus $\left(1+\frac{1}{\Omega}\right)^{\Omega} \simeq \sum_{k=N}^{\Omega}\frac{1}{k!} \simeq rt\left(\sum_{k=0}^{\Omega}\frac{1}{k!}\right)$ folgt.

Zur Frage 2 $\left(1+\frac{1}{\Omega}\right)^{\Omega} \simeq \left(1+\frac{-1}{\Omega}\right)^{-\Omega}$?

In der Handreichung (2021, Unterrichtsabschnitt 4 im Abschn. 2.3) wird bemerkt, dass aus $a \cdot b \simeq 1$ nicht allgemein $b \simeq \frac{1}{a}$ folgt. Wenn aber b finit und nicht infinitesimal ist, dann gilt für alle $a \in {}^*\mathbb{R}$ die Äquivalenz $a \cdot b \simeq 1 \Leftrightarrow b \simeq \frac{1}{a}$. Nach der Antwort auf die Frage 1 ist $\left(1+\frac{1}{\Omega}\right)^{\Omega} \simeq e$ finit und nicht infinitesimal. Daher folgt:

$$\left(1+\frac{1}{\Omega}\right)^{\Omega} \simeq \left(1+\frac{-1}{\Omega}\right)^{-\Omega} \Leftrightarrow \left(1+\frac{1}{\Omega}\right)^{\Omega}\cdot\left(1-\frac{1}{\Omega}\right)^{\Omega} \simeq 1 \Leftrightarrow \left(1-\frac{1}{\Omega^2}\right)^{\Omega} \simeq 1.$$

Nun gilt:

$$\left|1 - (1-\frac{1}{\Omega^2})^{\Omega}\right| = \left|1 - \sum_{k=0}^{\Omega}\binom{\Omega}{k}(\frac{-1}{\Omega^2})^k\right| = \left|\sum_{k=1}^{\Omega}\binom{\Omega}{k}(\frac{-1}{\Omega^2})^k\right| <$$

$$\frac{1}{\Omega}\cdot\sum_{k=1}^{\Omega}\binom{\Omega}{k}\frac{1}{\Omega^{2k-1}} < \frac{1}{\Omega}\cdot\sum_{k=0}^{\Omega}\binom{\Omega}{k}\frac{1}{\Omega^k} = \frac{1}{\Omega}\cdot(1+\frac{1}{\Omega})^{\Omega} \simeq 0.$$

Also gilt $(1-\frac{1}{\Omega^2})^{\Omega} \simeq 1$ und $(1+\frac{1}{\Omega})^{\Omega} \simeq (1+\frac{-1}{\Omega})^{-\Omega}$.

Zur Frage 3 $(1+\delta)^{\frac{1}{\delta}} \simeq \left(1+\frac{1}{\Omega}\right)^{\Omega}$?

Nach den Vorkenntnissen nimmt die Sekantensteigung $m = \frac{a^d-1}{d}$ streng monoton zu, wenn a zunimmt oder auch, wenn $d \neq 0$ zunimmt. Soll $m = 1$ fest bleiben und vergrößert man d, so muss a abnehmen. Diese Monotonie-Eigenschaften gelten auch für die hyperreelle Fortsetzung.

Die Gleichungen $m = \frac{a^\delta-1}{\delta}$ und $a = (1+\delta\cdot m)^{\frac{1}{\delta}}$ sind äquivalent. Ist nun $0 \neq \delta \simeq 0$, und hält man $m = 1$ fest, so folgt für alle natürlichen Zahlen $k \geq 2$

$$2 = (1+1)^1 < \left(1+\frac{1}{k}\right)^k < (1+\delta)^{\frac{1}{\delta}} < \left(1-\frac{1}{k}\right)^{-k} \leq \left(1-\frac{1}{2}\right)^{-2} = 4.$$

Daher gilt für alle $n \in \mathbb{N}$

$$rt\left(\left(1+\frac{1}{\Omega}\right)^{\Omega}\right)-\frac{1}{n} < (1+\delta)^{\frac{1}{\delta}} < rt\left(\left(1+\frac{-1}{\Omega}\right)^{-\Omega}\right)+\frac{1}{n}.$$

Nach der Antwort zur Frage 2 gilt $\left(1+\frac{1}{\Omega}\right)^{\Omega} \simeq \left(1+\frac{-1}{\Omega}\right)^{-\Omega}$. Also folgt $(1+\delta)^{\frac{1}{\delta}} \simeq \left(1+\frac{1}{\Omega}\right)^{\Omega}$.

Zur Frage 4 $e = rt\left((1+\delta)^{\frac{1}{\delta}}\right) \Rightarrow \frac{e^{\delta}-1}{\delta} \simeq 1$?

Sei $e = rt\left((1+\delta)^{\frac{1}{\delta}}\right)$ und $m = \frac{e^{\delta}-1}{\delta}$, also $e = (1+\delta \cdot m)^{\frac{1}{\delta}}$. Wir wollen $m \simeq 1$ beweisen. Bei der Behandlung der Frage 3 wurde $2 < (1+\delta)^{\frac{1}{\delta}}$ erwähnt, und mit den dort genannten Monotonie-Eigenschaften folgt $m > \frac{2^{-1}-1}{-1} = \frac{1}{2}$. Daher ist $m \neq 0$ und $0 \neq m \cdot \delta \simeq 0$. Für $\tilde{\delta} = m \cdot \delta$ erhalten wir $e \simeq (1+\tilde{\delta})^{\frac{1}{\tilde{\delta}}}$ (s. Antworten 3 und 1). Weil $x \to x^m$ auf $\mathbb{R}^+$ stetig ist[5], folgt $e = (1+\delta \cdot m)^{\frac{1}{\delta}} = \left((1+\tilde{\delta})^{\frac{1}{\tilde{\delta}}}\right)^m \simeq e^m$, und die strenge Monotonie von e^x ergibt $m \simeq 1$.

Zur Frage 5   *Sind die Umformungen im Ansatz 3. zulässig?*

Die Antwort zur Frage 3 ergibt für $\delta = \frac{x}{\Omega}$ mit $x \neq 0$, dass $e \simeq \left(1+\frac{x}{\Omega}\right)^{\frac{\Omega}{x}}$ und $e^x \simeq \left(1+\frac{x}{\Omega}\right)^{\Omega}$ ist. Für den Nachweis von

$$\left|\left(1+\frac{x}{\Omega}\right)^{\Omega} - \left(\sum_{k=0}^{\Omega}\frac{x^k}{k!}\right)\right| < \left|\left(\sum_{k=0}^{N-1}\frac{x^k}{k!} \cdot \frac{\Omega!}{(\Omega-k)!\Omega^k}\right) - \sum_{k=0}^{N-1}\frac{x^k}{k!}\right| + \frac{2}{n} \simeq \frac{2}{n}$$

gelten nun dieselben Überlegungen wie in der Antwort zur Frage 1.

11.4 Konvergenzkriterien anhand besonderer Folgen und Reihen

11.4.1 Vorbereitungen

Im Folgenden stehen die Buchstaben μ, ν, Ω für infinite Elemente aus $^{*}\mathbb{N}$, und speziell Ω sei durch die natürliche Folge (n) bestimmt. Wir gehen hier von der Nonstandard-Definition der Konvergenz aus, wonach eine reelle Folge (a_n) genau dann konvergiert, wenn alle (unendlichen) Teilfolgen von (a_n) ein a_{μ} repräsentieren, das zu einem $a \in \mathbb{R}$ unendlich nah benachbart ist (siehe Abschn. 9.2):

---

[5]Für $u = \frac{n}{k}$ ist $x^u = \sqrt[k]{x^n}$ stetig, weil Wurzel- und Potenzfunktionen stetig sind. Seien $\alpha \simeq 0$ und $u_1 < m < u_2, u_1, u_2 \in \mathbb{Q}$. Da $r \to b^r$ monoton ist, liegt $\left(1+\frac{\alpha}{x}\right)^m$ zwischen $\left(1+\frac{\alpha}{x}\right)^{u_1} \simeq 1^{u_1} = 1$ und $\left(1+\frac{\alpha}{x}\right)^{u_2} \simeq 1^{u_2} = 1$. Daher gilt $\left(1+\frac{\alpha}{x}\right)^m \simeq 1$. Und $\frac{(x+\alpha)^m}{x^m} = \left(1+\frac{\alpha}{x}\right)^m \simeq 1$ ergibt $(1+\alpha)^m \simeq x^m$.

Definition 11.3 Eine Folge (a_n) konvergiert gegen $a \in \mathbb{R}$, wenn $a_\mu \simeq a$ für alle infiniten $\mu \in {}^*\mathbb{N}$.

Dass diese Definition praxistauglich und in vielen Fällen auch den üblichen Definitionen von Konvergenz überlegen ist, zeigen wieder die folgenden Beispiele (vgl. auch 9.4).

Beispiel 11.1 Die geometrische Folge (q_n) konvergiert gegen null, wenn $q \in (-1, +1)$ ist. Denn für $q \in (0, +1)$ ist $\varepsilon := \frac{1}{q} - 1 > 0$, also $(\frac{1}{q})^\mu = (1 + \varepsilon)^\mu > 1 + \mu \cdot \varepsilon \gg 1$. Daraus folgt $q^\mu \simeq 0$ und auch $(-q)^\mu = (-1)^\mu \cdot q^\mu = \pm q^\mu \simeq 0$.

Wir sehen an dem Beispiel, dass in manchen Fällen allein schon die Kenntnis ausreicht, dass μ infinit ist, um die Konvergenz zu zeigen oder direkt den Grenzwert zu berechnen. Häufig aber ist die konkrete Berechnung eines Grenzwertes gar nicht möglich, und man begnügt sich damit, entscheiden zu können, ob eine Folge konvergiert oder nicht. Für solche Fälle ist die Definition 11.3 ungeeignet, und daher betrachten wir die folgende Version:

Definition 11.4 Eine Folge (a_n) ist konvergent, wenn $a_\mu \simeq a_\nu$ für alle infiniten $\mu, \nu \in {}^*\mathbb{N}$.

Eine Folge, die im Sinne der Definition 11.3 konvergent ist, erfüllt wegen der Transitivität von „$\simeq$" auch die Definition 11.4. Wir behaupten jetzt, dass auch das Umgekehrte gilt:

Satz 11.5 Entspricht eine Folge (a_n) der Definition 11.4, dann gibt es genau eine Zahl $a \in \mathbb{R}$, gegen die sie im Sinne der Definition 11.3 konvergiert. Die Definitionen sind also gleichwertig.

Beweis Für beschränkte Folgen (a_n) ist die Aussage trivial, weil dann $a = \mathrm{rt}(a_\Omega)$ existiert. Falls (a_n) aber zum Beispiel nach oben unbeschränkt sein sollte, konstruieren wir rekursiv eine Folge (m): wähle $m_1 \in \mathbb{N}$ derart, dass $a_{m_1} \geq 1$. Ist $m_n \in \mathbb{N}$ festgelegt, bestimme $m_{n+1} \in \mathbb{N}$, sodass $a_{m_{n+1}} \geq a_{m_n} + 1$. Die Folge (m_n) repräsentiert ein $\mu \in {}^*\mathbb{N}$, und für $\nu = \mu + 1$ gilt $|a_\nu - a_\mu| \geq 1$.

Also entspricht (a_n) weder der Definition 11.3 noch der Definition 11.4. $\qquad\square$

Obwohl Reihen nichts anderes als Folgen (von Partialsummen) sind, ist es wegen der praktischen Bedeutung von Reihen sinnvoll, die Definition 11.4 explizit auf Reihen zu übertragen:

Definition 11.5 (*Definition* 11.4 *für Reihen*) Sei (a_n) eine Folge. Die Reihe $(s_n) = \sum_{k=0}^{n} a_k$ heißt

▶ konvergent, wenn $\sum_{k=0}^{\mu} a_k \simeq \sum_{k=0}^{\nu} a_k$ für alle infiniten $\mu, \nu \in \,^{\star}\mathbb{N}$ erfüllt ist;

▶ absolut konvergent, wenn die Reihe $\sum_{k=0}^{n} |a_k|$ konvergiert.

Besonders bei Reihen geht es oft nur um die Klärung ihrer Konvergenz, und dazu hat man eine Vielzahl von Kriterien aufgestellt. Wir werden zeigen, dass die Beweise der bekanntesten Konvergenzkriterien dann besonders einfach werden, wenn man von der Nonstandard-Definition 11.4 ausgeht. Zur Gewöhnung an den Umgang mit Nonstandard-Reihen beginnen wir mit einer quasi selbstverständlichen Aussage:

11.4.2 Sätze und Beweise nonstandard

Satz 11.6 Ist $(s_n) = \sum_{k=0}^{n} a_k$ konvergent, so ist (a_n) eine Nullfolge. Die Umkehrung gilt nicht.

Beweis Ist (a_n) keine Nullfolge, dann existiert ein $\varepsilon \in \mathbb{R}_+$ und ein $\mu \in \,^{\star}\mathbb{N}$, sodass $|a_\mu| > \varepsilon$. Mit $\nu = \mu - 1$ folgt $|\sum_{k=0}^{\mu} a_k - \sum_{k=0}^{\nu} a_k| = |a_\mu| > \varepsilon$. $\qquad\square$

In dem Beweis sieht man den einfachen „Trick", wie die Folge a_μ der einzelnen Summanden als Differenz zweier Reihen darstellbar ist. Die Definition 11.4 erledigt das Übrige. Wir gehen jetzt auf den Nachsatz ein, dass die Nullfolgeneigenschaft der Summanden zwar notwendig, aber nicht hinreichend ist für die Konvergenz einer Reihe.

Beispiel 11.2 Die Reihe $\frac{1}{1} + \frac{1}{2} + \frac{1}{3} + \frac{1}{4} + \cdots$ konvergiert nicht, denn

$$\sum_{k=1}^{2\mu} \frac{1}{k} - \sum_{k=1}^{\mu} \frac{1}{k} > \sum_{k=\mu+1}^{2\mu} \frac{1}{2\mu} = \frac{\mu}{2\mu} = \frac{1}{2}$$

ist nicht infinitesimal.

Man hantiert also mit Reihen und kontrolliert dabei einzelne Abschnitte der Reihe, in diesem Beispiel nicht wie vorher nur die Folge der einzelnen Summanden, sondern die Folge der jeweils zweiten Summenhälfte.

Die Definition 11.5 für Reihen unterscheidet (einfache) Konvergenz und absolute Konvergenz:

Satz 11.7 Eine Reihe $(s_n) = \sum_{k=0}^{n} a_k$, die absolut konvergiert, ist selbst konvergent. (Die Umkehrung gilt nicht, wie das Beispiel $1 - \frac{1}{2} + \frac{1}{3} - \frac{1}{4} + - \cdots$ zeigt[6].)

Beweis Für $\mu > \nu$ gilt

$$\left| \sum_{k=0}^{\mu} a_k - \sum_{k=0}^{\nu} a_k \right| = \left| \sum_{k=\nu+1}^{\mu} a_k \right| \le \sum_{k=\nu+1}^{\mu} |a_k| = \sum_{k=0}^{\mu} |a_k| - \sum_{k=0}^{\nu} |a_k| \simeq 0,$$

also gilt $s_\mu \simeq s_\nu$. $\square$

Man vergleiche diesen einzeiligen Beweis mit der Standardversion, die wir weiter unten angeben.

Zum Nachweis, dass nicht jede konvergente Reihe absolut konvergiert, beweisen wir die Konvergenz der Reihe $1 - \frac{1}{2} + \frac{1}{3} - \frac{1}{4} + - \cdots$. Man kann zeigen, dass die Reihe gegen $\ln(2)$ konvergiert (mit einer Taylorreihe der ln-Funktion), wollen das aber hier nicht tun, sondern allgemeiner zeigen, dass jede alternierende Nullfolge zu einer konvergenten Reihe führt.

Wir haben dann die Situation, dass eine konkrete Grenzwertberechnung unmöglich ist. Wir werden sehen, wie einfach sich dennoch der Nonstandard-Beweis gestaltet.

Satz 11.8 Ist (a_n) eine monotone Nullfolge, so konvergiert die Reihe $(s_n) = \sum_{k=0}^{n} (-1)^k a_k$.

Beweis Sei (a_n) monoton fallend (andernfalls betrachte $(-a_n)$). Da $|s_{\mu+1} - s_\mu| = a_{\mu+1} \simeq 0$, dürfen wir uns auf ungerade $\tilde{\mu}, \tilde{\nu} \in {}^\star\mathbb{N}$ mit $\tilde{\mu} = 2\mu + 1$ und $\tilde{\nu} = 2\nu + 1$ beschränken. Sei nun $\mu > \nu$. Wegen $a_{2n+1} \ge a_{2n+2}$ und $0 \le (a_{2n} - a_{2n+1}) \le (a_{2n} - a_{2n+2})$ erhalten wir

$$\left| \sum_{k=0}^{2\mu+1} (-1)^k a_k - \sum_{k=0}^{2\nu+1} (-1)^k a_k \right| = \left| \sum_{k=2\nu+2}^{2\mu+1} (-1)^k a_k \right| = \sum_{k=\nu+1}^{\mu} (a_{2k} - a_{2k+1})$$

$$\le \sum_{k=\nu+1}^{\mu} (a_{2k} - a_{2k+2}) = a_{2\nu+2} - a_{2\mu+2} \simeq 0.$$

$\square$

Eine häufig benutze Technik zum Nachweis der Konvergenz einer Reihe besteht darin, die in den Summanden der Reihe auftretenden Terme zu vereinfachen. Dass

---

[6]Die Konvergenz von $1 - \frac{1}{2} + \frac{1}{3} - \frac{1}{4} + - \cdots$ ergibt sich aus Satz 11.8, und die absolute Reihe ist das Beispiel 11.2.

dabei nicht nur äquivalente Umformungen erlaubt sind, besagt das Majorantenkriterium. Vorweg erinnern wir daran, dass die Konvergenz einer Reihe oder einer Folge nicht von endlich vielen ihrer Glieder abhängt. Der Einfachheit halber beziehen wir das bei den folgenden Formulierungen nicht mit ein und schreiben manchmal $\forall n \in \mathbb{N}$, wo auch endlich viele Ausnahmen sein dürfen.

Definition 11.6 Man nennt $(\tilde{s}_n) = \sum_{k=0}^{n} \tilde{a}_k$ eine Majorante von $(s_n) = \sum_{k=0}^{n} a_k$, wenn $\tilde{a}_k \geq a_k \ \forall k \in \mathbb{N}$.

Satz 11.9 (Majorantenkriterium) Hat $\sum_{k=0}^{n} |a_k|$ eine (absolut) konvergente Majorante, dann ist $\sum_{k=0}^{n} a_k$ absolut konvergent.

Beweis Für $\mu > \nu$ gilt

$$\sum_{k=0}^{\mu} |a_k| - \sum_{k=0}^{\nu} |a_k| = \sum_{k=\nu+1}^{\mu} |a_k| \leq \sum_{k=\nu+1}^{\mu} |\tilde{a}_k| = \sum_{k=0}^{\mu} |\tilde{a}_k| - \sum_{k=0}^{\nu} |\tilde{a}_k| \simeq 0.$$

$\square$

In sehr vielen Fällen auch der höheren Mathematik wird die geometrische Reihe als Majorante verwendet. Sie ist wahrscheinlich der Spitzenreiter aller Majoranten und steckt in einer Unzahl mathematischer Beweise. Zugleich ist sie eine der ältesten Reihen überhaupt, die geschichtlich aufgetreten sind – Achilles konnte natürlich ohne Kenntnis der Reihe die Schildkröte überholen.

Beispiel 11.3 Die geometrische Reihe $(s_n) = \sum_{k=0}^{n} q^k$ konvergiert für alle $q \in (-1, +1)$ gegen $\frac{1}{1-q}$, denn $(1-q) \sum_{k=0}^{\mu} q^k = 1 - q^{\mu+1}$, also $\sum_{k=0}^{\mu} q^k = \frac{1-q^{\mu+1}}{1-q} \simeq \frac{1}{1-q}$, da $q^{\mu} \simeq 0$ (Beispiel 11.1).

Satz 11.10 (Quotientenkriterium) Ist $q \in [0, +1)$, und (a_n) eine Folge, für die $|a_{n+1}| \leq q|a_n| \ \forall n \in \mathbb{N}$ gilt, so ist die Reihe $(s_n) = \sum_{k=0}^{n} a_k$ absolut konvergent.

Beweis Aus $|a_{n+1}| \leq q|a_n|$ folgt $|a_n| \leq q^n|a_0|$. Nun verwende man $(\tilde{s}_n) = |a_0| \sum_{k=0}^{n} |q|^k$ als Majorante. $\square$

Beispiel 11.4 $\sum_{k=0}^{\infty} \frac{x^k}{k!}$ ist für alle $x \in \mathbb{R}$ absolut konvergent, denn mit $q = \frac{1}{2}$ ist $|\frac{x^{k+1}}{(k+1)!}| < q|\frac{x^k}{k!}|$ für alle $k > 2|x|$ erfüllt, also für fast alle $k \in \mathbb{N}$.

Auf der Konvergenz geometrischer Reihen basiert auch der Banachsche Fixpunktsatz, der hier für reellwertige Folgen formuliert wird und einen einfachen Nonstandard-Beweis hat.

Satz 11.11 (Fixpunktsatz) Für eine Funktion $f : [a, b] \to [a, b] \subset \mathbb{R}$ gebe es ein $q \in [0, +1)$, sodass gilt:

$$(*) \quad |f(x_1) - f(x_2)| \le q|x_1 - x_2| \quad \forall x_1, x_2 \in [a, b].$$

Dann gibt es genau eine Zahl $x^* \in [a, b]$ mit der Eigenschaft $f(x^*) = x^*$. Und jede Folge mit beliebigem $a_0 \in [a, b]$ und der Rekursionseigenschaft $a_{n+1} = f(a_n)$ konvergiert gegen x^*.

Beweis Sei $a_0 \in [a, b]$ und (a_n) wie angegeben rekursiv definiert. $|a_{n+1} - a_n| \le q|a_n - a_{n-1}|$ ergibt dann induktiv $|a_{n+1} - a_n| \le q^n |a_1 - a_0| \; \forall n \in \mathbb{N}$. Ist nun $\mu > \nu$, so erhalten wir

$$\begin{aligned}
|a_\mu - a_\nu| &= |a_\mu - a_{\nu-1} + a_{\mu-1} - a_{\mu-2} + \ldots + a_{\nu+1} - a_\nu| \\
&\le |a_\mu - a_{\mu-1}| + \ldots + |a_{\nu+1} - a_\nu| \\
&\le (q^{\mu-1} + q^{\mu-2} + \ldots + q^\nu)|a_1 - a_0| \\
&= \left(\sum_{k=0}^{\mu-1} q^k - \sum_{k=0}^{\nu-1} q^k \right) |a_1 - a_0| \simeq 0.
\end{aligned}$$

Es folgt $a_\mu \simeq a_\nu \simeq x^*$ mit einem $x^* \in \mathbb{R}$. Ferner ist $[a, b]$ abgeschlossen, also gilt $x^* \in [a, b]$. Weil $(*)$ die Stetigkeit von f impliziert, folgt weiter $f(x^*) \simeq f(a_\Omega) \simeq a_{\Omega+1} \simeq x^*$. Ist auch x' ein Fixpunkt von f, so folgt $|x^* - x'| = |f(x^*) - f(x')| \le q|x^* - x'|$. Damit erhalten wir $(q - 1)|x^* - x'| \ge 0$ und wegen $q - 1 < 0$ schließlich $x^* = x'$. $\qquad\square$

Beispiel 11.5 Die Folge der Fibonacci-Brüche $\left(\frac{1}{1}, \frac{1}{2}, \frac{2}{3}, \frac{3}{5}, \frac{5}{8}, \ldots \right)$ ist konvergent.

Beweis Für $f : [\frac{1}{2}, 1] \to [\frac{1}{2}, 1]$ mit $f(x) = \frac{1}{1+x}$ gilt $|f(x_1) - f(x_2)| = \frac{|x_1 - x_2|}{(1+x_1)(1+x_2)} \le \frac{4}{9}|x_1 - x_2|$. Also hat f einen Fixpunkt x^* mit $\frac{1}{2} \le x^* \le 1$. Mit $a_0 = 1$ und $a_{n+1} = f(a_n)$ entsteht die genannte Bruchfolge, wie man leicht nachrechnet. Sie konvergiert also gegen x^*. $\qquad\square$

11.4.3 Einige Standard-Beweise

Es soll zu den obigen Darlegungen keine vollständige parallele Standarddarstellung angegeben werden. Es reicht, auszugsweise vorzugehen, um den großen Aufwand zu sehen, der an vielen Stellen durch den Bezug auf Cauchy-Folgen erzwungen ist.

Zu Satz 11.7 Eine Reihe $(s_n) = \sum_{k=0}^{n} a_k$, die absolut konvergiert, ist selbst konvergent.

Beweis Sei $(s_n) = \sum_{k=0}^{n} |a_k|$ eine Cauchy-Folge und $\varepsilon > 0$ beliebig. Dann existiert ein $n_0 \in \mathbb{N}$ mit $\left| \sum_{k=0}^{m} |a_k| - \sum_{k=0}^{n} |a_k| \right| < \varepsilon$ für alle $m, n \geq n_0$. Ist nun $m > n \geq n_0$, so folgt

$$\left| \sum_{k=0}^{m} a_k - \sum_{k=0}^{n} a_k \right| \leq \left| \sum_{k=n+1}^{m} a_k \right| \leq \sum_{k=n+1}^{m} |a_k| = \sum_{k=0}^{m} |a_k| - \sum_{k=0}^{n} |a_k| < \varepsilon .$$

Also ist $(s_n) = \sum_{k=0}^{n} a_k$ eine Cauchyfolge. $\qquad \square$

Der rechnerische Kern beider Beweise ist derselbe. Im Nonstandard-Beweis bleibt dieser Kern aber unverhüllt, während er im Standard-Beweis in die Bedingungen über beliebige $\varepsilon > 0$ und jeweilige Existenzen gewisser $n_0 \in \mathbb{N}$ eingekleidet werden muss.

Zu Satz 11.8 Ist (a_n) eine monotone Nullfolge, so konvergiert die Reihe $\sum_{k=0}^{\infty} (-1)^k a_k$.

Beweis Sei (a_n) monoton fallend (andernfalls betrachte $(-a_n)$). Sei $\varepsilon > 0$ beliebig. Dann existiert ein $n_0 \in \mathbb{N}$ mit $|a_{\tilde{n}}| = a_{\tilde{n}} < \varepsilon$ für alle $\tilde{n} \geq n_0$. Gelte $\tilde{m} > \tilde{n} \geq n_0$ mit ungeraden Zahlen $\tilde{m} = 2m + 1$ und $\tilde{n} = 2n + 1$, dann folgt wegen $a_{2n+1} \geq a_{2n+2}$ und $0 \leq (a_{2n} - a_{2n+1}) \leq (a_{2n} - a_{2n+2})$

$$\left| \sum_{k=0}^{2m+1} (-1)^k a_k - \sum_{k=0}^{2n+1} (-1)^k a_k \right| = \left| \sum_{k=2n+2}^{2m+1} (-1)^k a_k \right| = \sum_{k=n+1}^{m} (a_{2k} - a_{2k+1})$$

$$\leq \sum_{k=n+1}^{m} (a_{2k} - a_{2k-2}) = a_{2n+2} - a_{2m+2}$$

$$\leq a_{2n+2} + a_{2m+2} < 2\varepsilon .$$

Ist $\tilde{m} = 2m$ oder $\tilde{n} = 2n$ geradzahlig, so folgt wegen $\left| \sum_{k=0}^{2l+1} (-1)^k a_k - \sum_{k=0}^{2l} (-1)^k a_k \right| \leq$ a_{2l+1} aus der obigen Abschätzung $\left| \sum_{k=0}^{\tilde{m}} (-1)^k a_k - \sum_{k=0}^{\tilde{n}} (-1)^k a_k \right| < 4\varepsilon$ für alle $\tilde{m}, \tilde{n} \geq n_0$. Also ist die Folge der Partialsummen von $\sum_{k=0}^{\infty} (-1)^k a_k$ eine Cauchy-Folge, und die Reihe konvergiert. $\qquad \square$

Zu Satz 11.11 (Fixpunktsatz)

Beweis Wir verweisen auf die Formulierung des Satzes oben. Speziell bezeichne $x^\star$ den Fixpunkt.

Die Übertragung von dem Nonstandard- in einen Standardbeweis macht aus der Aussage $(\sum_{k=0}^{\mu-1} q^k - \sum_{k=0}^{\nu-1} q^k)|a_1 - a_0| \simeq 0$ einen bloßen Term

$$(\sum_{k=0}^{m-1} q^k - \sum_{k=0}^{n-1} q^k)|a_1 - a_0|,$$

der noch interpretiert werden muss. Die Interpretation lautet dann: „Zu jedem $\varepsilon > 0$ gibt es ein $n_0 \in \mathbb{N}$, sodass für alle $m, n \in \mathbb{N}$ mit $m > n \geq n_0$ der angegebene Term kleiner als ε ist." Diese beliebigen $\varepsilon > 0$ sind aber nichts anderes als die Umschreibung eines infinitesimalen Elementes, und dies wird im Nonstandard-Beweis durch die Relation $\simeq 0$ schlicht ausgedrückt. Und die Existenz der vielen $n_0 \in \mathbb{N}$, die ja in der Regel über alle Schranken wachsen, wenn ε immer kleiner wird, ist die Umschreibung infiniter Indizes μ, ν. Die Fortsetzung des Standardbeweises gelingt dann, indem man anstelle von $f(x^\star) \simeq f(a_\Omega) \simeq a_{\Omega+1} \simeq x^\star$ die Folgenstetigkeit von f verwendet:

$$f(x^\star) = f\left(\lim_{n \to \infty} a_n\right) = \lim_{n \to \infty} f(a_n) = \lim_{n \to \infty} a_{n+1} = x^\star.$$

$\square$

Wir haben gezeigt, wie die hyperreelle Darstellungsweise häufig eine leichtere Konzentration auf den rechnerischen Kern der Beweise ermöglicht und dadurch auch schlichter ausfällt.

Rückblick, Vergleich, Schluss

12

Thomas Bedürftig

12.1 Rückblick

Grundlegend für die konkrete mathematische Arbeit in der Standard- wie der Nonstandardanalysis sind die Axiome. Wir haben sie im Kap. 3 zusammengestellt und kommentiert. Zentral sind das Vollständigkeitsaxiom der reellen Zahlen, das über die Körperaxiome der rationalen Zahlen hinausführt, und das Transferaxiom für die hyperreellen Zahlen, das Relationen und alles rein Arithmetische von $\mathbb{R}$ auf $^*\mathbb{R}$ fortsetzt.

Zentral – nicht für die konkrete Arbeit, aber für die *Sicht* auf Standard und Nonstandard – ist das Kap. 4 über die Konstruktionen von $\mathbb{R}$ und $^*\mathbb{R}$. Dort wird beschrieben, wie die reellen Zahlen – den fundamentalen Zahlenbereich $\mathbb{R}$ der Analysis bildend – über den rationalen entstehen und darüber wieder die hyperreellen Zahlen $^*\mathbb{R}$ als Erweiterung von $\mathbb{R}$.

„Erweiterung" ist das Stichwort, das wir hervorheben.

Erweiterungen stellen neue mathematische Elemente und Methoden bereit. Eine Erweiterung schafft zudem eine mathematische Position, von der aus man die Elemente und Methoden des Ausgangsbereichs betrachten kann. Diese Gelegenheit haben wir ergriffen, was wiederum die Gelegenheit bot, die Elemente der Erweiterung einzuordnen. Wir haben die Elemente der Standard- wie der Nonstandardanalysis einander gegenübergestellt und kommentiert.

Einige grundsätzliche Dinge in der Gegenüberstellung wollen wir hervorheben.

T. Bedürftig (✉)
Institut für Didaktik der Mathematik und Physik, Universität Hannover, Hannover, Niedersachsen, Deutschland
E-mail: beduerftig@idmp.uni-hannover.de

T. Bedürftig et al. (Hrsg.), *Über die Elemente der Analysis – Standard und Nonstandard*,
https://doi.org/10.1007/978-3-662-64789-9_12

Die Erweiterung von $\mathbb{R}$ zu $^*\mathbb{R}$ bereichert die Instrumente der praktischen Arbeit in der Standardanalysis – und bewahrt die alten. Das zeigen im Kap. 9 und 10 das Beispiel des Grenzwertbegriffs und seine hyperreelle Fortführung. Das zeigen die vielen Beispiele, die wir vorgestellt haben – in vielen Rechnungen und Beweisen. In der Erweiterung $^*\mathbb{R}$ treten neben die reellen Zahlen die infiniten und infinitesimalen Zahlen sowie die finiten hyperreellen Zahlen, die über ihren Standardteil unmittelbar mit den reellen Zahlen verknüpft sind. Ständiger Bezug sind die reellen Zahlen. Elementare Nonstandardanalysis ist reelle Analysis.

Wir haben im Kap. 2 dargestellt, wie die Elemente der Analysis aus der Idee der Näherung entstehen. Die unendlichen Folgen der modernen Mathematik sind die Erben der alten finiten Näherungen. Arithmetisches Ziel der Entwicklung waren – auf dem Weg über die Folgen *rationaler* Zahlen – die reellen Zahlen. Die hyperreellen Zahlen nehmen die Idee der Näherung in den unendlichen reellen Folgen auf und setzen den Weg fort. Wir haben die Wirkung einmal bildlich ausgedrückt:

▶ Unendliche Prozesse und Folgen reeller Zahlen „kristallisieren" hyperreell zu Zahlen.

Unendliche Folgen werden als Zahlen greifbar und sind als Zahlen die „unendlich nahen Näherungen" reeller Zahlen. Neben den Limesformalismus im Ansatz der Standardanalysis tritt die hyperreelle Arithmetik als Grundlage der Bildung der weiteren Elemente der Analysis: Ableitung und Integral.

Der Limes, der Begriff des Grenzwertes, ist es, der – nach den reellen Zahlen und neben dem Stetigkeitsbegriff – am Grunde der Standardanalysis liegt. Soll Analysis unterrichtet und gelehrt werden, muss dieser Begriff gebildet werden. Er ist jedoch – wegen der Unendlichkeit der Folgen, der Kluft zwischen Grenzwerten und Folgen und der unklaren Grundlage der reellen Zahlen – mit großen methodischen Schwierigkeiten behaftet. Das hat verbreitet und zwangsläufig dazu geführt, dass man im Unterricht ohne Begriff, nämlich mit einem „propädeutischen Grenzwertbegriff", in die Analysis einsteigt. Im Kap. 5 haben wir die methodische Lage versucht aufzuklären, die von fehlender Transparenz, Routinen und – wie wir feststellten – illegitimen Kunstgriffen geprägt ist. Eine Lösung der Probleme ist nicht erkennbar. Der große propädeutische Aufwand, der entfernt vom Grenzwertbegriff mit dynamischer Software auf finite Prozesse des Strebens und Näherns setzt, trifft die Wurzel der methodischen Probleme nicht.

Hier, in der Nichtauflösung der Probleme mit den Grenzwerten, liegt für uns die Motivation, eine Alternative zu suchen. Infinitesimale und infinite Zahlen im Nonstandardeinstieg in die Analysis sind, so dokumentieren wir es in diesem Buch und in der Handreichung (2021), eine solche Alternative. Der Aufbau ihrer Arithmetik ist elementar und wird in der Handreichung (2021) „selbst gemacht". Sie bietet die mathematische Grundlage für alles Folgende. Sie macht den Einstieg einfach, anschaulich und nachhaltig.

▶ Man darf aber keineswegs an „Alternative" im ausschließenden Sinn denken, sondern an Erweiterung, Klärung und methodische Problemlösung.

Der Grenzwertbegriff und sein Limesformalismus sind überall in der Analysis präsent und ihre Propädeutik und ihre Schreibweisen im Unterricht notwendig. Ihre intuitive Propädeutik ist grundlegend, weist zudem, wenn man dies zulässt, auf die Nonstandardzahlen hin und kann parallel in die formale Limesschreibweise *und* in die Vorstellung des unendlich Kleinen und die hyperreelle Arithmetik führen. Grenzwerte sind nicht verschwunden. Sie sind überall präsent als die Standardteile hyperreeller Zahlen, die die konvergierenden Folgen quasi *sind*. Ableitung und Integral auf der Basis hyperreeller Zahlen brauchen keine dynamische Software. Sie brauchen keine Bilderfolge. Es gibt ein einzelnes eigenes Bild für sie (s. Kap. 6).

Wir haben schließlich einen Blick in die Geschichte der Analysis geworfen. Vorläufer der hyperreellen Zahlen waren schon einmal da – im Gewand von infinitesimalen *geometrischen Größen* und infiniten Zahlen. Sie haben damals der Analysis (im heutigen Sinn) einen spektakulären Start und eine außerordentliche Entwicklung beschert. Im Kap. 8 haben wir den Anfang geschildert und die Vorstellungen beschrieben, die die infinitesimalen Größen begleiteten. Sie ähneln denen vieler Schülerinnen und Schüler, wenn man ihnen die Gelegenheit gibt, ihre Vorstellungen zu äußern und sie zu begründen. In den Unterrichtsgängen der Handreichung (2021) werden solche Vorstellungen aufgenommen und zum Rechnen mit hyperreellen Zahlen geführt. Nach der Konstruktion der reellen Zahlen im Jahr 1872 verschwanden die infinitesimalen Größen. Sie passten nicht zur archimedischen Konstruktion der reellen Zahlen, die das unendlich Kleine ausschlossen. Sie machten den Nullfolgen Platz. Eben diese sind es, die heute die infinitesimalen Zahlen „sind" – genauer: sie repräsentieren.

Dieses Buch lebt von der Gegenüberstellung von Standard und Nonstandard im Anfang der Analysis. In der Gegenüberstellung haben wir bereits begriffliche und technische Vorzüge des Nonstandardrechnens und -beweisens bemerkt – und auch angemerkt. Auch hier in diesem Abschnitt haben wir das andeutungsweise getan, als es um die Problematik des Grenzwertbegriffs ging. Explizit und konkret wird der Vergleich der Ansätze an den Elementen jetzt.

12.2 Vergleich

Reelle Zahlen und hyperreelle Zahlen sind in diesem Buch naturgemäß überall präsent. Ihr Verhältnis ist der Kern der Unterscheidung und der Verbindung von Standard und Nonstandard. „Erweiterung" ist das Stichwort. Wir haben bemerkt, dass die unendlichen Folgen reeller Zahlen in den hyperreellen Zahlen arithmetisch quasi „aufbewahrt" sind. Wir haben oft und hinreichend über die arithmetischen Grundelemente von Standard und Nonstandard gesprochen.

Standard sind es die aktual unendlichen Folgen, nichtstandard die hyperreellen Zahlen, die die Basis für die Begriffe der Ableitung und des Integrals bilden. Diese beiden Elemente der Analysis wollen wir jetzt in ihren Standard- und Nonstandardfassungen vergleichen. Auch der Hauptsatz gehört hier her. Einen detaillierten Vergleich der beiden Fassungen von Ableitung und Integral findet man in der Handreichung (2021, Kap. 4). Wir berichten aus der Handreichung und zitieren nicht zuletzt einige Abbildungen. Denn gerade in ihnen wird der Unterschied der Standard- und Nichtstandardvorstellungen deutlich, nämlich sichtbar.

Aktual unendlich geschult machen wir ein Gedankenexperiment:

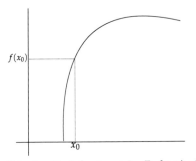 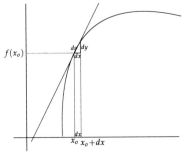

Sekanten-Dreiecke, $\Delta x \to 0$, „Endstation"   *Sekanten-Dreiecke, $\Delta x \to dx$, „Endstation"*

Standard links und Nonstandard rechts beginnen gleichermaßen mit der Vorstellung eines unendlichen Prozesses von kleiner werdenden Sekantendreiecken. In Abbildungen im Abschn. 2.4 haben wir sie angedeutet. Wo und wie „enden" die Prozesse? Wir sehen die beiden „Endzustände". Man muss die Bilder kaum kommentieren: Standard ist „am Ende" des Grenzprozesses anschaulich alles verloren. Die Sekanten, die Dreiecke, alles zieht sich in einem Punkt zusammen. Die Tangenten gibt es nicht, weil die Sekanten verschwunden sind. Hier setzt man im Unterricht oft dynamische Software ein, um das zu überspielen. Auch sie aber kann den „Endzustand" natürlich nicht leugnen.

Genau das passiert nonstandard nicht. Man braucht keine Software, sondern eine Idee. „Am Ende" des Prozesses immer kleiner werdender Sekantendreiecke steht die Vorstellung eines infinitesimalen Dreiecks mit den Seiten dx, dy, ds. Die Tangenten werden von den unendlich kleinen Sekanten ds anschaulich getragen. Ihre Steigung $\frac{dy}{dx}$ zeigen sichtbare dx, dy. Infinitesimale Abweichungen spielen bei der Veranschaulichung keine Rolle.

Da die Anschauung einen großen Stellenwert für die Ausbildung nachhaltiger Vorstellungen hat, muss man den Nonstandardansatz hier als methodisch überlegen ansehen. Die Einstiege zur Ableitung und zum Integral (Handreichung 2021, 2.1, 2.2 und 3.1) münden in eine klare *elementare* Arithmetik mit einem *anschaulich-geometrischen* Hintergrund.

Wir machen das nächste aktual unendliche Gedankenspiel – zum Integral:

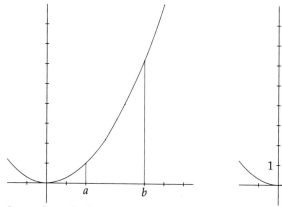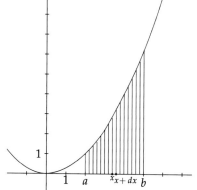

Integral standard, „Endstation" $\Delta x = 0$ *Integral nonstandard, „Endstation" dx*

Hier sieht das anschauliche Ergebnis im Standardansatz links mit dem „zu Ende geführten" Grenzwertprozess perfekt aus. Es entspricht ganz unserer Erwartung, nämlich einer homogenen Fläche unter der Kurve zwischen a und b. Die Streifen $f(x) \cdot \Delta x$ und deren Summation sind verschwunden.

Nonstandard bleiben genau diese erhalten. Mit den infinitesimalen dx und den infinit vielen Streifen $f(x) \cdot dx$ bleibt anschaulich eine infinitesimale Differenz zur Fläche unter dem Graphen zwischen a und b. In der Tat ist die infinite Summe der infinitesimalen Streifen hyperreell und der reelle Flächeninhalt „nur" deren Standardteil. Was sichtbar bleibt, ist die Summation und die Summendarstellung, die dem Integral die anschauliche Bedeutung und die Bezeichnung gibt.

Das spielt beim Hauptsatz im Punkt 2.6.3 eine wichtige Rolle. Wir zitieren die dortige Skizze:

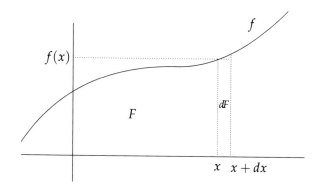

Es ist

$dF = F(x + dx) - F(x).$
Da f im Intervall $[x, x + dx]$ bis auf einen infinitesimalen Fehler konstant ist,
ist
$dF \simeq f(x) \cdot dx$, also

▶ $F'(x) \simeq \frac{dF}{dx} \simeq f(x)$.

Man ist an dieser Stelle *fertig.* Hier steht – bis auf eine anschauliche Abschätzung
(s. Abschn. 2.6.3) zur letzten Zeile – der Nonstandardbeweis, den man quasi *sehen*
kann.

Im Grenzwertzugang ist der Beweis des Hauptsatzes schwieriger, weil man
„nichts mehr sieht". Die Beweisidee ist die gleiche – mit Δx statt dx –, der Beweis
aber ist *nicht fertig.* Das Bild geht verloren, wenn Δx gegen 0 strebt. Der Grenzwertformalismus setzt ein, der – damit er nicht zu umfangreich wird – Hilfssätze,
z. B. den Mittelwertsatz, braucht.

Warum, fragen wir zum Schluss dieser direkten Standard-Nonstandard-Vergleiche,
warum soll man nicht beides nebeneinander leben und gelten lassen: Grenzprozesse
der Δx *und* das infinitesimale dx? Wir erinnern an das *Cauchy-Prinzip* im Kap. 2:

> „Wenn die ein und derselben Veränderlichen nach und nach beigelegten numerischen Werte
> *beliebig so abnehmen,* dass sie kleiner als jede gegebene Zahl werden, so sagt man,
> diese Veränderliche wird unendlich klein oder: sie wird eine *unendlich kleine Zahlgröße.*
> Eine derartige Veränderliche hat die *Grenze* 0."

Warum sollen sich Lernende, warum soll man sich nicht z. B. beim Integral den Prozess der Δx gegen 0 vorstellen, dann bei der infinitesimalen Zahl dx halt machen –
so, wie dx in $\int_a^b f(x)\, dx$ ja steht –, die unendliche Summation denken und berechnen und dann den Prozess zu Ende führen? Ob man dabei arithmetisch „Standardteil"
denkt oder sich einen fließenden Prozess vorstellt, ist unerheblich.

Wenn man auf die Schule schaut, scheint uns eindeutig zu sein, wo die Vorteile der
Technik und der Methode liegen. Die *Anschaulichkeit,* die wir eben hervorgehoben
haben, ist ein wesentlicher Vorzug. Auch der Weg spielt eine große Rolle, den die
Lernenden selbstständig einschlagen, gehen und begründen.

Eine fundamentale Stärke von Nonstandard gegenüber Standard, die den Unterricht zu einem *Mathematik*unterricht macht, ist, dass man nonstandard mit den Schülerinnen und Schülern eine *klare* Arithmetik als Grundlage für den Einstieg schafft,
während man im Standardansatz weitgehend auf eine unklare Propädeutik des Grenzwertbegriffs setzt und einen abstrakten Limesformalismus erzeugt.

Die nie endenden unendlichen Prozesse, die ihren Grenzwert nicht erreichen, sind
ein methodisch gravierendes Standard-Problem. Im Nonstandardansatz fällt es weg.
Mehr: Das Problem der aktualen Unendlichkeit ist aufgehoben.

► Das Unendliche ist in den infiniten und infinitesimalen Zahlen arithmetisch *gegeben.*

Die infiniten Zahlen, mit denen man rechnet, *sind* das Unendliche. Das ist eine prinzipiell andere Situation. Die infiniten Zahlen bilden gerade das Instrument, Unendliches zu erfassen. Beispiel: Die unendliche Menge infinitesimaler Intervalle wird beim Integrieren durch eine infinite Anzahl μ erfasst.

12.3 Schluss

Über den Standardansatz der Analysis müssen wir abschließend nicht viel sagen. Wir haben seine Elemente eingeführt und das Konzept beschrieben und kommentiert. Unendliche Folgen, reelle Zahlen und Grenzwerte liegen dem Standardansatz zugrunde. In der Gegenüberstellung zu Nonstandard haben wir Besonderheiten charakterisiert. Im Vergleich haben wir methodische und begriffliche Schwierigkeiten erkannt, die methodisch und didaktisch offenbar als mathematisches Schicksal hingenommen werden. Probleme mit dem Grenzwertbegriff sind so gravierend, dass man auf ihn, die Grundlage, im Unterricht in der Regel verzichtet. Es bleibt ein formaler Limesformalismus zurück. Der Standardansatz, versehen mit Kunstgriffen und dynamischer Software, ist überall im Unterricht präsent.

Wir haben in den Gegenüberstellungen und im Vergleich Vorzüge des Nonstandardansatzes bemerkt. Ein Phänomen ist, dass der Nonstandardansatz in der Lehre und im Unterricht dennoch so gut wie nicht vorkommt. Was können die Gründe für seine fehlende Präsenz sein?

Es sind, davon sind wir überzeugt, äußere Gründe[1]. Es gibt keine inneren Gründe – und das wären zuerst mathematische –, die gegen Nonstandard sprechen. Es gibt keine technischen und methodischen Gründe. Das haben wir hier in diesem Buch dokumentiert. Es ist vielmehr so, dass der Nonstandardansatz Stärken hat und methodische Probleme des Standardansatzes lösen kann.

Was sind die äußeren Gründe? Sie kommen aus Traditionen, Konventionen, Haltungen, Denkgewohnheiten und Routinen, die oft bereits die bloße Wahrnehmung des Nonstandardansatzes be- oder verhindern. In der Tat ist es so, dass der, der standard arbeitet und denkt, Denkgewohnheiten und Routinen in Frage stellen muss. Das ist nicht leicht. Wir führen einmal Schwierigkeiten auf, die man haben kann, wenn man Nonstandard unvorbereitet begegnet (s. auch Abschn. 8.5).

Denkgewohnheiten werden standard von $\mathbb{R}$ und der Zahlengeraden bestimmt. Man denkt archimedisch. Man denkt, Zahlen sind finit und nur Mengen infinit. Infinite und infinitesimale Zahlen zu akzeptieren, ist eine Hürde. Die Hürde ist um so höher, wenn man meint, den historischen infinitesimalen „Irrweg", wie einige immer noch denken, überwunden zu haben. Man warnt vor den infinitesimalen Größen und

---

[1]Das wird in einer Dissertation (Kuhlemann 2022) sowohl aus den mathematischen Grundlagen, Logik und Mengenlehre, als auch aus der mathematischen Praxis heraus begründet.

hebt den Zeigefinger (vgl. Bedürftig und Kuhlemann 2020, S. 2). Man hat $\mathbb{R}$ und die Gerade untrennbar zur Zahlengeraden vereint, die weitere Zahlen nicht aufnehmen kann. Die Identifikation der reellen Zahlen mit den Punkten auf der Zahlengeraden ist tägliche „Grundvorstellung". Nonstandard hebt alle diese Vorstellungen auf. Denkt man weiter, versagt sogar die Vorstellung, dass die Zahlengerade eine Punktmenge ist. Die Grundüberzeugung, das Kontinuum mathematisch erfasst zu haben, schwindet. Grundvorstellungen aufzugeben, allein schon, sie bloß zu realisieren und zu befragen, ist eine Herausforderung.

Wir haben hyperreelle Zahlen hier im Buch eingeführt, konstruiert und angewandt. Wenn aber infinite *natürliche* Zahlen, die hypernatürlichen Zahlen, unverhofft auf Standardvorstellungen treffen, ist man, vorsichtig gesagt, irritiert. Man wehrt ab. Wenn $0,999\ldots$ kleiner ist als 1, freut dies manchen Lernenden, aber für den ausgelernten Lehrenden wird eine *Tatsache* negiert.[2] Repräsentiert $0,999\ldots$ die Näherungen beim historischen Wettlauf, überholt Achilles die Schildkröte *nicht*. Darf das sein?

Nullfolgen repräsentieren nicht, wonach sie heißen, die Null. Sie werden stattdessen zu infinitesimalen Zahlen. Unendliche Folgen halten, wenn sie konvergieren, quasi vor den Grenzwerten an – in unendlich kleinem Abstand α. Man kann α sehen (s. Kap. 6). Was wird aus der dynamischen Software, die versucht, Lernenden den unerreichbaren Grenzwert zu suggerieren? Der Einsatz dynamischer Software bei Ableitungen und Integral sind methodische Routine, die man ungern aufgibt.

Worin also liegen mögliche Widerstände gegen Nonstandard?

Sie liegen *nicht* im Mathematischen. Sie sind teils psychologischer Art, da man Grundlegendes, das oft gar nicht bewusst ist, neu lernen und denken soll und Altbekanntes und Gewohntes (zu Unrecht) in Gefahr sieht. Sie liegen weiter im Soziologischen, denn (fast) alle denken standard und kennen Nonstandard kaum. Widerstände sind von daher auch didaktisch und, wie eben bemerkt, methodisch, da man die digitale Aufrüstung für die Darstellung von Grenzprozessen abrüsten soll. Sie sind ganz einfach bürokratisch, da die Lehrpläne[3] festgeschrieben sind und die Curricula in der Lehre wie festgeschrieben scheinen. Widerstände liegen in den mathematischen Biographien, denn in der Schule und in der Lehre erfährt man von Nonstandard wenig oder nichts. Sie sind schließlich mathematikphilosophisch, da das Unendliche arithmetisch wird und das erfasst geglaubte Kontinuum, Raum und Zeit, den mathematischen Händen entgleitet: Mathematik ist „nur" Theorie, die Modelle liefert. In der Summe: Eine gewisse Trägheit mag vielleicht die Ursache von Widerständen sein, Trägheit gegenüber Neuem und Anderem.

---

[2]Anderes als Konvergenz zu denken, ist standard nicht möglich. $0,999\ldots = 1$ wird zur Tatsache. In den Mitteilungen (DMV 2021, S. 86) wird Studierenden die Aufgabe gestellt, diese Tatsache Schülerinnen und Schüler altersgerecht (6. Klasse und Oberstufe) zu vermitteln.

[3]Nonstandard widerspricht diesen gar nicht, was man aber offenbar nicht weiß. (s. Handreichung 2021, Kap. 5).

▶   Es geht im Nonstandardansatz *nicht* um die Ablösung des Standardansatzes, um die Entfernung der Grenzprozesse und Grenzwerte, um hyperreelle Zahlen statt reeller Zahlen.

▶   Es geht um hyperreelle Zahlen über den reellen Zahlen, um eine neue Sicht auf Grenzwerte und Grenzprozesse, um die Ergänzung des Standardansatzes durch Nonstandard.

▶   Es geht um die Erweiterung der Methode und Methodik. Es geht um eine Erweiterung von Anschauung und Denken.

Es ist an der Zeit, so meinen wir, sich zu bewegen. Unser Lehrbuch über die Elemente der Analysis hilft, so hoffen wir, bei der Beschleunigung.

Literatur

Archimedes: Archimedis opera omnia cum comentariis Eutocii. In: Heiberg, J.L. (Hrsg.) 2. Aufl., 3. Bdn (1972)

Basiner, S.: Infinitesimale Größen. Bericht aus dem Unterricht. Dortmund. http://www.nichtstandard.de/unterricht.html (2019). Zugegriffen: 2. Mai 2020

Bauer, L.: Mathematik, Intuition, Formalisierung: eine Untersuchung von Schülerinnen- und Schülervorstellungen zu $0,\overline{9}$. J. Math. **32,** 79–102 (2011)

Baumann, P., Kirski, T.: Analysis mit hyperreellen Zahlen. Mitt. GDM **100,** 6–16 (2016)

Baumann, P., Kirski, T.: Infinitesimalrechnung. Springer Spektrum, Berlin (2019)

Baumann, P., Bedürftig, T., Fuhrmann, V. (Hrsg.): dx, dy – Einstieg in die Analysis mit infinitesimalen Zahlen. Berlin (s. Handreichung 2021)

Bedürftig, T.: Was ist ein Punkt? – Ein Streifzug durch die Geschichte. Siegener Beiträge zur Geschichte und Philosophie der Mathematik 5, 1–21 (2015)

Bedürftig, T.: Über die Grundproblematik der Grenzwerte. Math. Semesterber. **65**(2), 277–298 (2018). https://doi.org/10.1007/s00591-018-0220-0

Bedürftig, T.: Infinitesimalien, Grenzwerte und zurück. Siegener Beiträge zur Geschichte und Philosophie der Mathematik 12, 201–235 (2020)

Bedürftig, T.: Fliegt der ruhende Pfeil? In: Fischer, H., Sauer, T., Weiss, Y. (Hrsg.) Tagungsband Geschichte der Mathematik 2019 in Mainz, 30–43. WTM, Münster (2021)

Bedürftig, T., Murawski, R.: Historische und philosophische Notizen über das Kontinuum. Math. Semesterber. **64,** 63–88 (2017)

Bedürftig, T., Murawski, R.: Philosophie der Mathematik, 4., erweiterte und überarbeitete, Aufl. Berlin (2019)

Bedürftig, T., Kuhlemann, K.: Grenzwerte oder infinitesimale Zahlen? Über Einstiege in die Analysis und ihren Hintergrund. Springer Fachmedien, Wiesbaden (2020)

Behrends, E.: Analysis I, 6. Aufl. 2015. Braunschweig (2003)

Behrends, E.: Analysis II. Braunschweig (2004)

Behrends, E., Gritzmann, P., Ziegler, G.M. (Hrsg.): π & Co. – Kaleidosskop der Mathematik. Berlin (2008)

Beutelspacher, A.: Albrecht Beutelspacher's Kleines Mathematikum. Die 101 wichtigsten Fragen und Antworten zur Mathematik. Beck, München (2010)

Breger, H.: Vom Binärsystem zum Kontinuum: Leibniz' Mathematik. In Reydon **2009,** 123–135 (2009)

Bigalke, H.-G.: Rekonstruktionen zur geschichtlichen Entwicklung des Begriffs der Inkommensurabilität. J. Math. **4,** 307–354 (1983)

T. Bedürftig et al. (Hrsg.), *Über die Elemente der Analysis – Standard und Nonstandard,* https://doi.org/10.1007/978-3-662-64789-9

Bolzano, B.: Rein analytischer Beweis des Lehrsatzes, daß zwischen zwey Werthen, die ein entge-gengesetztes Resultat gewähren, wenigstens eine reelle Wurzel der Gleichung liege. Haase, Prag (1817)

Cantor, G.: Gesammelte Abhandlungen mathematischen und philosophischen Inhalts. In: Zermelo, E. (Hrsg.) Berlin (1932)

Cauchy, A.L.: Cours d'Analyse de l'École Polytechnique. Premier partie, Anaylse algébrique. De Bure, Paris (1821)

Cigler, J.: Grundideen der Mathematik. Mannheim (1992)

DMV: Mitteilungen der Deutschen Mathematiker Vereinigung 2021 29 2 (2021)

Dörr, J.: Analysis mit hyperreellen Zahlen – Unterrichtspraktische Erfahrungen aus einem Leis-tungskurs. Speyer. https://wiki.zum.de/images/f/f7/Folien_Unterrichtsversuch_VA_Vallendar_08_09_Juni_2017.pdf (2017). Zugegriffen: 2. Mai 2020

Ebbinghaus, H.-D., Hermes, H., Hirzebruch, F., Koecher, M., Mainzer, K., Prestel, A., Remmert, R.: Zahlen. Berlin (1983)

Ebbinghaus, H.-D., Flum, J., Thomas, W.: Einführung in die mathematische Logik, 5. Aufl. Spek-trum, Heidelberg (2007)

Elschenbroich, H.-J., Seebach, G., Schmidt, R.: Die digitale Funktionenlupe. Ein neuer Vorschlag zur visuellen Vermittlung einer Grundvorstellung vom Ableitungsbegriff. Math. Lehren **187** (2014)

Elschenbroich, H.-J.: funktionenlupe.de. http://www.funktionenlupe.de/ (2015). Zugegriffen: 20. Sept. 2019

Felscher, W.: Naive Mengen und abstrakte Zahlen, Bd. I–III. Zürich (1978/1979)

Fuhrmann, V., Hahn, C.: Differentialrechnung ohne Grenzwerte, eine Unterrichtsreihe im Grund-kurs, Schuljahr 2018/2019. Worms. http://www.nichtstandard.de/unterricht.html (2019). Zuge-griffen: 2. Mai 2020

Handreichung: dx, dy – Einstieg in die Analysis mit infinitesimalen Zahlen. In: Baumann, P., Bedürftig, T., Fuhrmann, V. (Hrsg.) Berlin (2021). http://www.nichtstandard.de/pdf/Handreichung-2021.pdf

Heinsen, S.: Einführung der Differentialrechnung ohne Grenzwerte – Erfahrungsbericht aus einem Unterrichtsgang in einem (gymnasialen) Grundkurs. Bolanden. http://www.nichtstandard.de/unterricht.html (2019). Zugegriffen: 2. Mai 2020

Hilbert, D.: Grundlagen der Geometrie, 11. Aufl. Stuttgart 1968 (1999)

Hilbert, D.: Über das Unendliche. Math. Annalen **95** (1925), 161–190 (1925)

Hischer, H.: „Grenzwertfreie Analysis" in der Schule via „Nonstandard Analysis?" Mitt. GDM **103**, 31–36 (2017)

IQB (Institut zur Qualitätsentwicklung im Bildungswesen): https://www.iqb.hu-berlin.de/institut/sitesearch?s=Erwartungshorizont (2020). Zugegriffen: 11. Febr. 2021

Jahnke, H.N. (Hrsg.): Geschichte der Analysis. Heidelberg (1999)

Keisler, H.J.: Elementary calculus – an infinitesimal approach, 2. Aufl. University of Wisconsin (2000)

Kirsch, A.: Ein Vorschlag zur visuellen Vermittlung einer Grundvorstellung vom Ableitungsbegriff. Der Mathematikunterricht. **25**(3), 25–41 (1979)

Körle, H.-H.: Die phantastische Geschichte der Analysis. Ihre Probleme und Methoden seit Demo-krit und Archimedes. Dazu die Grundbegriffe von heute, 2. Aufl. Oldenbourg Wissenschaftsver-lag, München (2012)

Kuhlemann, K.: Der Untergang von Mathemagika. Springer Spektrum, Berlin (2015)

Kuhlemann, K.: Über die Technik der infiniten Vergrößerung und ihre mathematische Rechtferti-gung. Siegener Beiträge zur Geschichte und Philosophie der Mathematik **10**, 47–65 (2018)

Kuhlemann, K.: Zur Axiomatisierung der reellen Zahlen. Siegener Beiträge zur Geschichte und Philosophie der Mathematik **10**, 67–105 (2018)

Kuhlemann, K.: Nichtstandard in der elementaren Analysis – Mathematische, logische, philosophi-sche und didaktische Studien zur Bedeutung der Nichtstandardanalysis in der Lehre. Dissertation Hannover, (2022)

Laugwitz, D.: Infinitesimalkalkül - Eine elementare Einführung in die Nichstandard-Analysis. Zürich (1978)

Laugwitz, D.: Zahlen und Kontinuum. Mannheim (1986)

Leibniz, G.W.: Mathematische Schriften. In: Gerhardt, C.J. (Hrsg.) Nachdruck Hildesheim (1971)

Leibniz, G.W.: De quadratura arithmetica circuli ellipseos et hyperbolae. In: Knobloch, E. (Hrsg.) Springer Spektrum, Berlin (2016)

Lingenberg, W.: Konvergenz und Grenzwert im nichtstandardbasierten Untrricht. Mitt. GDM **106**, 14–17 (2019). https://ojs.didaktik-der-mathematik.de/index.php/mgdm/article/view/842/837

Mach, E.: Mechanik in ihrer Entwicklung historisch-kritisch dargestellt. Brockhaus, Leipzig (1883)

Meschkowski, H.: Aus den Briefbüchern Georg Cantors. Arch. Hist. Exact Sci. **2** (1962–1966), 503–519 (1966)

Oberschelp, A.: Aufbau des Zahlensystems. Vandenhoek u. Ruprecht, Göttingen (1968)

Padberg, F., Danckwerts, R., Stein, M.: Zahlbereiche. Heidelberg 1995 (Nachdruck 2010)

Robinson, A.: Non-standard analysis. Indag. Math. **23**, 432–440 (1961)

Robinson, A.: Non-standard analysis, 2. Aufl. Amsterdam 1974 (1966)

Salzmann, H., Grundhöfer, T., Hähl, H., Löwen, R.: The classical fields – structural features of the real and rational numbers. Cambridge University Press, Cambridge (2007)

Schafheitlin, P. (Hrsg.): Die Differentialrechnung von Johann Bernoulli aus dem Jahre 1691/92. – Oswalds Klassiker der exakten Wissenschaft. Akademische Verlagsgesellschaft, Leipzig (1924)

Schmieden, C., Laugwitz, D.: Eine Erweiterung der Infinitesimalrechnung. Math. Z. **69**, 1–39 (1958)

Sonar, T.: 3000 Jahre Analyis, 2. Aufl. Springer Spektrum, Berlin (2016)

Spalt, D.D.: Die Analysis im Wandel und Widerstreit, Eine Formierungsgeschichte ihrer Grundbegriffe. Alber, Freiburg (2015)

Spalt, D.D.: Eine kurze Geschichte der Analysis. Springer Spektrum, Berlin (2019)

Thiel, C. (Hrsg.): Erkenntnistheoretische Grundlagen der Mathematik. Hildesheim (1982)

Wunderling, H.: Infinitesimalmathematik. Der Mathematikunterricht **1** (1997)

Wunderling, H., Baumann, P., Keller, A., Kirski, T.: Analysis – als Infinitesimalrechnung. DUDEN PAETEC Schulbuchverlag, Berlin (2007)

Stichwortverzeichnis

A

Ableitung, 1, 18, 19, 146
Ableitungsregeln, 24
ACHILLES, 106, 139, 150
ALTON, B., VIII
Anschauung, 148
Archimedisches Axiom, 32
Areasinus hyperbolicus, 130
ARISTOTELES, 80
Arithmetik
  hyperreell, 12, 105
  reelle Zahlen, 32
Arithmetisierung, 100
atomar, 89
Auswahlaxiom, *46*, 47, 103, 106, 116
Axiom
  Archimedes, 32
  Standardteil, 33
  Transfer, 34
  Vollständigkeit, 32, 38, 122
Axiomatik
  hyperreelle Zahlen, 2, 33
  Mengenlehre, 32
  reelle Zahlen, 2, 31

B

Banachscher Fixpunktsatz, 139
BERNOULLI, Joh., 94
bestimmtes Integral
  nonstandard, 23
  standard, 21
BEUTELSPACHER, A., 88, 93
Binomialkoeffizient
  transfinit, 132

BOLZNAO, B., 122

C

CANTOR, G., 96, 97
CAUCHY, A., 10, 81, 92, 93, 95, 105
Cauchy-Folge, *36*
Cauchy-Prinzip, 94, 105, 107, 148
charakteristisches Dreieck, 17, 90, 91
Cholera-Bazillus, 96
cofinit, 44, 103

D

Denken
  mathematisch, 100
Differential, 12, 17, 33
Differentialquotient, 17
Differenzenquotient, 18, 25
DU BOIS-REYMOND, P., 53

E

e, 4, 132
Elemente, 2
ELSCHENBROICH, H.J., 66
Endlichkeitssatz, 102
ε-δ-Grenzwert, 50, 62, 116
ε-δ-Stetigkeit, 15, 93
Erweiterung, 40, 41, 102, 143, 145, 151
Exponent
  transfinit, 132
Exponentialfunktion, 131
Extremwertsatz, 125

F

Fibonacci-Folge, 114, 140

© Der/die Autor(en), exklusiv lizenziert durch Springer-Verlag GmbH, DE, ein Teil von
Springer Nature 2022
T. Bedürftig et al. (Hrsg.), *Über die Elemente der Analysis – Standard und Nonstandard*,
https://doi.org/10.1007/978-3-662-64789-9

Fiktion, 89
finite Zahl, 12, 33
Finitisierung, 92, 96, 97, 101
Fixpunktsatz, 139, 141
Flächenfunktion, 72
Folge, *6*, 97
  infinit, 112
  konvergent, 9
  rational, 6
  unendlich, 1, 6
Folgengrenzwert, 49, 62, 116
Folgenstetigkeit, 15
Formalisierung, 101
freier Filter, 44, 103
Fundamentalfolge *siehe* Cauchy-Folge
Funktion, 14
Funktionenlupe, 66
Funktionenmikroskop, 66
Funktionsbegriff, 97, 122

G
GÖDEL, K., 105, 106
geometrische Reihe, 139
Gerade, 122
  Punktmenge, 89, 150
Grenzwert, 1, 3, 8, *9*, 29, 56, 84, 88, 93, 95,
      105, 107, 109, 145
  ϵ-δ, 4
  Folgen, 4
  hyperreell, 112
  nonstandard, 111
  Vorstellungen, 80
Grenzwertbegriff, 49, 60, 63, 144, 149
  propädeutisch, 9, 60, 144
Grenzwertformalismus, 105
Grenzwertsatz
  hyperreell, 119
Größe, 1

H
Häufungspunkt, 123
  nonstandard, 124
HANKEL, H., 53
harmonische Reihe, 137
Hauptsatz, 26, 147
HILBERT, D., 53, 63, 100
höhere Mathematik, 35, 101
  Mathematikunterricht, 104
hyperreelle Zahl, 28
  finit, 12
hyperreelle Zahlen, 33, 41, 105, 144
  Konstruktion, 40, 103

I
Idealisierung, 90
ILF MAINZ, VII
Index
  transfinit, 111, 132
indivisibel, 89
infinit, 33
infinite Vergrößerung, 3, 13, 65
infinite Zahl, 13
infinitesimal, *12*, 33, 89, 93, 95, 96, 98
infinitesimale Zahl, 11, 33, 40, 150
infinitesimale Zerlegung, 69, 123
Infinitesimalien, *89*, 90, 91, 95, 107
  Anschauung, 90
  Existenz, 90
Infinitisierung, 97, 101
Integral, 1, *20*
  nonstandard, 22
  standard, 20, 147
Intervall
  unendlich klein, 11, 55, 122
Intervallschachtelung, 10, 54, 122

J
JAHNKE, H.N., 94

K
Körper
  nichtarchimedisch, 103
KEISLER, H. J., 67
Kettenregel, 25
Konstruktion
  hypernatürliche Zahlen, 40
  hyperreelle Zahlen, 3, 11, 40, 41
  reelle Zahlen, 3, 8, 36
Kontinuum, 89, 105, 150
Konvergenz
  absolut, 137
  geometrische Folge, 136
  nonstandard, 112, 135
  Reihe, 4, 136
Konvergenzkriterien, 137

L
LAUGWITZ, D., 67, 103
LEIBNIZ, G.W., 3, 66, 88, 90, 92, 93, 95, 97
Limes, 9
Limesformalismus, 60
Limesschreibweise, 109
  hyperreell, 118
LINA, 88, 93
Logarithmus, 131
LORENZEN, P., 58

M

MACH, E., 87, 106
Majorantenkriterium, 139
Mathematik
  historisch, 100
  modern, 100
  rein, 100
  Sprache, 95
maximaler Filter, 103
Menge
  cofinit, 44, 103
  unendlich, 6
Mengenfilter, 44
Mengenlehre
  ZF, 106
MEPHISTO, 58
Mittelwertsatz
  Integralrechnung, 28
Modell, 102, 106
monad(x), 117
Monade, *14*, 81, 117

N

Näherung, 1, 2, 6, 28, 144
natürliche Zahl
  infinit, 150
natürliche Zahlen, 6, 97
NEWTON, I., 88, 97
nichtperiodisch, 57, 59
Nichtstandardmodell
  reelle Zahlen, 102
Nullfolge, 9, 150
0,333..., 99
0,999..., 56, 88, 98, 150
Nullstellensatz, 121

O

Obersumme, 21

P

PASCAL, B., 88, 91
PINSSON, F., 92
Position
  hyperreell, 110
  reell, 110
Potenzmengenaxiom, 46, 59
Produktregel, 24
Punkt, 81, 89, 106

Q

Quantor, 96
Quotientenkriterium, 139

R

Rechenregeln
  hyperreell, 13
Rechtecknäherung, 73
reelle Zahl, 28, 50
reelle Zahlen, 36, 52, 96, 97
  Theorie, 107
reeller Teil *siehe* Standardteil
rektifizierbare Kurve
  Länge, 70
Riemann-Integral, 20
Riemannsche Summe, 72
ROBINSON, A., 102
RUDINGER, A., VIII

S

Satz von Bolzano-Weierstraß, 123
SCHILDKRÖTE, 106, 150
SCHMIEDEN, C., 67
SCHWARZ, H.A., 95
Sinusfunktion
  Ableitung, 67
SONAR, T., 6
Standardkurven, 69
Standardteil, 2, *12*, 29, *33*, 50, 105, 109, 145
Stetigkeit, 1, 3, 15, 80, 94, 96
  Begriff, 79, 116, 117
  Folgen, 84, 85
  gleichmäßig, 73
  im Punkt, 80
  nonstandard, 4, 15, 82
  standard, 14, 81
  topologisch, 117
Substitution, 4
  arithmetisch, 127
  symbolisch, 126
Substitutionsregel, 126

T

Tangente, 17, 19
Teilfolge, 111
Theorie, 35, 51, 63, 101
Transfer, 2, *34*
Transferaxiom, 34
Transferprinzip, 33, 123
Trapeznäherung, 73

U

Ultrafilter, 44
Umgebung, 117
unendlich, 93
unendlich groß, 33
unendlich klein, *12*, 88, 93

unendlich nah, 12, 33
unendliche Dezimalbrüche, 52, 55, 60
    nichtperiodisch, 52, 58
unendliche Folge, 144, 150
unendliche Menge, 96
Unendlichkeit, 96
    aktual, 7, 53, 63, 148
    potentiell, 7
Unendlichkeitsaxiom, 46, 59
Unendlichkeitsbrille, 67
Unendlichkeitslupe, 65
Unstetigkeit
    nonstandard, 85
Untersumme, 20

V
VARIGNON, P. de, 89
VIVANTI, G., 96
Vollständigkeit, 36, *38*, 39, 54, 97
Vollständigkeitsaxiom, 2, 32, 54, 122

W
WEIERSTRASS, K., 53, 81, 82, 85, 92, 94,
    105

Z
Zahl
    finit, 2, 12, 33
    hypernatürlich, 40, 67
    hyperreell, 2, 28, 41
    infinit, *13*
    infinitesimal, 2, 11, 33, 40, 150
    irrational, 8
    rational, 97
    reell, 28, 50
    reelle Zahl, 7
    unendlich groß, 103
    unendlich klein, 11, 103
Zahlbereichserweiterung, 102
Zahlengerade, 3, 14, *51*, 60, 81, 96, 105, 149
Zahlgröße, 10
ZENON, 9
Zornsches Lemma, 44, 46, 103

Printed in the United States
by Baker & Taylor Publisher Services